# 人類の月面着陸は無かったろう論

*1962~1972*

**Apollo 11 Has Never been to the Moon**

副島隆彦《そえじまたかひこ》

徳間書店

The truth is right above you at night—the Moon !
but no one bothers to see it. Why ?
Because it's "trouble making" for one's life
with in a controlled society.

Takahiko Soejima

真実は夜にあなたが見る月そのものの中にある。

しかし人々はあえて真実を見ようとはしない。

それは巧妙に支配されている社会（アメリカであれ日本であれ）では、多くの人々にとって真実を語ることは、自分の人生に災難をもたらすだけだからだ。

副島隆彦

# まえがき

この本は「人類の月面着陸は本当に有ったのか」の疑惑を真っ正面から追及する本である。

今から35年前の1969年7月20日の、NASA《ナサ》（米航空宇宙局）が行なったアポロ計画の有人宇宙飛行であったアポロ11号による、人類初の月面着陸、そして月からの生還という大実験はおそらく無かっただろう、という内容の本である。

アメリカ政府は今から35年前のあの時、私たち地球上の全《すべ》ての人を大きく騙《だま》したのである。そして今なお騙し続けている。だからアメリカ政府とNASAは、35年間にわたって、私たち人類を巨大な欺罔《ぎもう》と迷蒙《めいもう》の中に置き続けているのである、と主張する本である。

この一冊丸々で、これでもかこれでもかとたくさんの証拠を挙げてこの事実を証明する。

「こんな本を書いて、あなたは正気か？　頭は大丈夫か？」と、問われるのは覚悟の上である。

私は、この『人類の月面着陸は無かったろう論』、即ちあれはアメリカ政府が捏造《ねつぞう》した巨大な権力犯罪である、という立論をして、このことを日本国民に本気で訴えかけようと思う。

私は「アポロ計画」自体が無かったとは言っていない。

アポロ計画は実際に有ったし、今も月面には、何機かのアメリカ製の月ロケットが軟着陸に失敗して地表に激突した痕跡《こんせき》が残っているはずである。従って、私は、「アポロは月へ行っていない」という不正確な書き方はしない。アポロという名のロケット（ただし全て無人）の残骸《ざんがい》はあるのだ。だが、人間（人類）は、月には降り立っていない。そんなことは無理なのだ。

従って、NASAが公表している、あれらの月面での飛行士たちの活動の映像は全て偽り《フォールス》であり、偽造品《フェイク》である。

とてもではないが、人類はいまだに人類を月に送るどころか、月面探査機を月の軌道上で周回させて無事に地球に戻すだけの宇宙ロケット技術さえ持っていない。今の今でも地表からの高度400キロメートルぐらいの地球の周りをグルグル回る以上のことをできはしないのである。だから私は、この本の書名を慎重に構えて『人類の月面着陸は無かったろう論』とした。

今のこの2004年の人類の最新技術を全て寄せ集めても、無人の探査ロケットが月まで行って周回して、軟着陸して、月面を探検して、試料（サンプル）を集めて、そして再発射して、地球まで無事帰ってこさせることはできない。それだけでもあと30年ぐらいかかるのではないか。

そうすると、あのアポロ飛行士たちが月から持ち帰ったという〝月の石〟というのは一体、何なのか？

人類の月面旅行が今なお無理である大きな理由（根拠）のひとつは、あのスペースシャトル「コロンビア号」の失敗である。乗員7人を乗せたコロンビア号は地球帰還の寸前の着陸の途中に爆発事故を起こした。昨年の2003年2月1日のことである。人類はまだ地表からたかだか250キロメートルから400キロメートルのあたりを、グルグルと周回する以上のことはできないのだ。有人ロケットを地球から出たり入ったりさせるだけでも爆発炎上するぐらいの技術力しかないくせに、どうしてあの遠い月（38万キロも彼方《かなた》にある。晴れた夜には私たちにも見える）まで行って帰ってこれたなどと主張したのか。そして今もみんなでよくもまあ信じ込んでいるものだなと私は、ひとりであきれかえる。

この世を冷酷に見切っていた優れたコラムニストの故・山本夏彦《やまもとなつひこ》氏が書いたごとく、まさしく一体、「何用あって月世界へ？」（何のために月に行くなどと言い出したのだ）なのである。

人類（アメリカの宇宙飛行士たち12人もが！）は月には行っていない。行けはしない。これから30年たっても行けない。宇宙は真空である上に放射線（宇宙線）に満ちた恐ろしく危険な所だから、生身《なまみ》の生物は、とてもではないが、何千キロ、何万キロもの遠くまで人間を乗せた宇宙飛行などできはしないのである。せいぜい、まだまだ空気（地球大気）がかなりある地表から1000キロメートルぐらいのところまでしか行けない。その先には、恐ろしい「ヴァンアレン帯」という放射能地帯がある。

私は騙されない。

他の多くの、日本国民の99・99パーセントが、「アポロ計画がアメリカのついた大きな嘘《うそ》だった、なんてとても信じられない」と言って、私を精神病者扱いしても私は構わない。この問題を扱うと決めた私の決意は堅くて深いのである。どうせ、あと5年ぐらいで大きな真実は明らかになるのである。

副島隆彦

人類の月面着陸は無かったろう論　目次

ブックデザイン　櫻井浩（⑥design）
図版図表　マグラーデザインスタジオ
校正　麦秋アートセンター
編集協力　トライ・プランニング
写真　アフロフォトエージェンシー

（＊編集部注：本書掲載のインターネットのリンク先は副島公式サイト「学問道場」に書かれた当時のものであり現在ではアクセスできないものもあります）

第一章

# 今でもスペースシャトル打ち上げにさえ失敗を繰り返している

# 人類を騙《だま》す大嘘つきのアメリカ帝国

この文章は初め、私の公式サイト「学問道場」〈今日のぼやき〉で２００３年４月29日に書かれた。

副島隆彦《そえじまたかひこ》です。

今の日本の置かれた状況は、非常に不愉快で悲観的である。先が見えない、というよりも日本国民全体が、無気力になって投げやりになっている。「もう、どうにでもなれ。どうなったって構うものか」という感じだ。とりわけ若者は、脳（あたま、思考力）が溶けたような状態になっている者がたくさんいる。

今日は、私自身がこの１カ月、気にかかっていて、どうしても書かなければと思っていることを書く。それは、

「１９６９年の人類の月面着陸（アメリカのアポロ計画による飛行士の月面活動）は無かったろう。世界中に広がっている噂《うわさ》どおりだ。人類を騙《だま》す大嘘《うそ》つきのアメリカ帝国め」という内容だ。

私は、相当に本気だ。こういうことを書くことに対する否定的なリアクションや拒否反

応のことも考えた。「ついに、副島隆彦が、陰謀論者《いんぼうろんじゃ》の本性を現した」とか「副島隆彦もこれで言論業界から追放だ」と、小躍《こおど》りする者たちが出てくるだろう。しかしそういうことはどうでもいい。アメリカの人類月面着陸を否定する私が勝つか、私を揶揄《やゆ》する者たちが勝つか、ここは勝負のしどころだ。私は、この1カ月ずっと考え込んでいた。そしてほぼ確信に達したことを、ようやくこれから書く。

1969年7月20日、すなわち、今から35年前に、アメリカ人の宇宙飛行士2人が、月面に着陸することに成功した。最初に印《しる》した足跡をアメリカのテレビが国民向けの特別番組で映し出した。そして、2人の飛行士は無邪気に、着陸した飛行船から月面に出て、まずカメラを据《す》え付けて、自分たちと着陸した飛行船を撮影できるよう設置した。それから、アメリカの国旗を立てた（ことになっている）。ところで、このカメラを月面に設置する前に、初めて月面に着地する飛行士の後ろ姿を撮影したのは一体、誰なのか？　それから、2人の飛行士はこの「静かの海」（ザ・シー・オブ・トランクイリィティイ）の上を、気軽そうに歩いたり駆けたりしてみせた。

まるで、映画の撮影陣がこちら側から撮影したような奇麗な映像だった。とても飛行士が自分で据え付けたカメラによる撮影には見えない。

その映像は、地球に送られてきて、NASA《ナサ》（米航空宇宙局）の受信センターで解像されて、それから世界中にニューズとして報道された。私は、その時16歳で高校1年生だった。家庭のテレビの画面に映し出される月面の映像を、その頃あちこちでたくさん見た記憶がある。新聞の記事でも当時読んだ。「アメリカはすごいなあ。日本は、ペンシルみたいな小さなロケットしか打ち上げられないのに」と思った。これは全ての日本人が感じたものだっただろう。「アメリカにはかなわない」と世界中が思った。それが、アメリカの思う壺《つぼ》だったのだ。

「アポロ11号」の3人乗りの宇宙船（司令船）から切り離されて月面に着陸した2人は、アームストロング Niel Armstrong 船長と、バズ・オルドリン Buzz Aldrin 飛行士だった。アームストロング船長が、テレビの画面に向かって、地球上の人間に挨拶《あいさつ》をしているニューズ映像は、当時の全ての人々の記憶の中にある。月面着陸船から降りて、アメリカ国旗を立てたあとは、岩石（″月の石″）採集や各種の観測装置を据《す》え付けて、再び、着陸船に乗って、噴射して、再発射して、離陸して、月の軌道上を周回しながら待っていた母船（3人目の飛行士がずっと乗っていた）と「ランデブー」（当時流行《はや》った言葉だ）して、「ドッキング」して3人は無事、地球に帰還した。今から、35年前のことだ。

今から、35年前に、アメリカは、いや、人類はあの遠く離れた月（24万マイル＝38万キロメートルもある）まで、生身の人間を運んだ。そして月面という真空《しんくう》の恐ろしいところで、駆けっこをさせて、それから、発射台も司令塔もないのに、再発射して地球に無事帰還した。「重力が地球の6分の1だからいいのだ。できるのだ」という理由だけが、その着陸船（Lunar《ルナー》 Module《モジュール》）という小型の宇宙船を（再打ち上げ用の燃料ブースターの部分も見当たらないが）再び発射させて、それで、月の軌道上を回っている母船と結合させて、それから、その母船のロケットエンジンの燃料を再点火させて、それで、地球に生還する、という「ものすごいこと」を、今から35年前に本当にできたのだ。

　片道だけで約3日間かけて、往復8日余りで帰ってきたことになっている。それぐらいに月は遠くにある。いくら月が地球の周りを回っている大きな衛星（サテライト）だと言っても、金星や木星、土星などの太陽の惑星（プラネット）に較べれば、ずっと地球から近い、という比較の話ではない。

　それらの太陽系のほかの惑星への、ガリレオやヴァイキングやパスファインダー（無人調査ローバー）などの歴代ＮＡＳＡの探査衛星の話はあとでする。

　２００４年の今の今でも、そんな凄《すさ》まじい芸当が、果たして人類にできるのだろうか。私は強く疑う。おそらく今の人類の最先端の技術《テクノロジー》の全てを結集してもそれでも無理だろう、と私は断言する。人間を月に送って月面に立たせることは今の今でもできないのだ。科学技術の粋《すい》を集めてもできることではない。できるものなら最近でもやっているはずだ。35

年たった今だからこそ私はこのように断言する。35年間もよくも私を騙《だま》したな、という気持ちが、私の中で渦巻いている。

1969年という一昔前には、まだ、トランジスタしかなくて、半導体のチップはなかったはずだ。あってもきわめて原始的な半導体だ。真空管《しんくうかん》ラジオは見なくなっていたが、それでも当時、私たちの周りにはまだ真空管がたくさんあった。35年前のコンピュータというのが、一体どれぐらい旧式で大型でものすごい鉄の箱だったかを考えてみればいい。

## 映像から次々と湧《わ》き上がる捏造《ねつぞう》の疑問点

私が、「アメリカのアポロ計画は巨大なやらせ、であり、捏造《ねつぞう》ではないのか」と考えるようになったのは今から数年前である。それは、後述する『カプリコン1《ワン》』"Capricorn One"（1977年、イギリス製作）というアポロ計画を強く疑う映画を見た時からだ。あの時、私の脳裏で疑いが芽生えた。何かあるぞ、怪しいぞ、と思った。それでもずっと半信半疑のままだった。

私が、身を乗り出して、この「月面着陸の嘘」の謎に立ち向かったのは、深夜のテレビ番組をたまたま見たからだ。それは、夜の12時ぐらいのケーブル・テレビの、FOX《フォックス》チャンネルでやっていた。それはアポロ計画を疑う人々がアメリカや欧州にはたくさんいる、という内容であった。そのドキュメンタリー番組には次々に証言者が出てきて、人類の月面着陸を否定していた。

2003年3月の末だった。英米軍のイラク攻撃が3月20日に始まって、数日たった頃だったと思う。私は、何気なく、チャンネルをカチャカチャと動かして、CNNからABC、NBCと戦争実況中継のようなニューズ報道番組を切り換えていた時に、偶然にFOXチャンネル（ルパート・マードックがオーストラリアから米国上陸して、買収したのが、フォックス・テレビ。映画の「20世紀フォックス」もその一部）のその番組を見た。いろいろな証言者が現れた。科学者や、写真家のような人が、次々に登場して概要、次のように言っていた。

①映像では、アメリカ国旗が、ひらひらと揺れている。大気がなくて無重力状態であるはずの月面で旗がはためくのはおかしい。
②飛行士たちの影の方角がそれぞれ違う。光を当てる光源がいくつもあったのだろう。着陸船にはなぜか影がない。
③どうして、当時の通信技術で、月という遠くからの電波を受信して再生した映像が

あれほどに鮮明なのか。

④着陸船の下に、着陸時にできるはずの、地面が抉《えぐ》り返されるはずの噴射の跡がないのはなぜか。映像ではまっ平らのままだ。

⑤どうして、着陸船は、そんなに安定して着陸できたのか。ロケットが姿勢を制御したまま垂直に着地できる技術はまだ完成していないはずだ。

⑥太陽が昇ってきて、飛行士たちに日差しが当たっている映像があるが、あの時に200度ぐらいの高温が当たるはずだが、どうしてあのような、薄い宇宙服でそれを断熱できるのか。

⑦着陸船が噴射して、離陸する時に、まるで天井から吊《つ》り下げられているようにスルスルと昇っていった。

などなどの疑問点が表明されていた。確かに、おかしな話なのだ。その他にも、多くの疑問点の指摘がなされていたが、ここに全てを整理して列記することはできない。

## 月面着陸のたった3週間前に予備実験で猿のボニーが死んでいる

ここからは、私、副島隆彦の疑問点が混じってくる。

一番大きかったのは、私の知人のさる技術者の一言だった。それは、２００３年１月頃のことだ。その技術者は、日本の最大手の電機メーカーの中央研究所の研究員である。

何を研究しているのか詳細は分からない。コンピュータの半導体《セミコンダクター》の開発技術者だとしか分からない。先端技術者として優秀な人だと思う。その人が、私と弾道《バリスティック》ミサイルの話をしていて、「何十キロメートルとかをミサイルを飛ばすのは簡単だ。放物線で飛ばせばいい。榴弾砲《りゅうだんほう》と同じだ。しかし、何百キロメートルかを正確に飛ばすとなると、ものすごい技術が必要となる。日本にはその技術がある。北朝鮮のミサイル（あるいはロケット）が果たして正確に数百キロも飛ぶかどうか怪しい……。私の職場の先輩が、着陸船を月から再び打ち上げるのは大変なことのはずだ、と言っていた」と言った。

私は、その時の会話が頭に残っていた。何百キロメートルも正確に飛ばすには、相当に細かい弾道計算とペイロード（積載重量計算）と自動制御《じどうせいぎょ》の高度な先端技術が必要だ。それがロケット工学がものすごく苦心する場面だろう。そうすると、今から35年前に、大型コンピュータを一体何台積み込んだら、その弾道物体の軌道計算を、正確に緻密《ちみつ》にできただろうか。地球から月までの距離は38万キロメートルもある。

私は、そのことを考えた。しかも宇宙物理学者たちの紙の上での計算で済むことではない。本当に、実際に人間を乗せて、巨大なロケット（飛行船部分だけでも45トンぐらいあるそうだ）を打ち上げて、さらに巨大なブースターに積んだロケット燃料を、次々に切り離しながら飛んでいくのだ。それを往復で何十万キロも飛ばさなければならない。

しかも、地球の大気圏をはるかに超えた、その向こうの宇宙空間まで飛ばして、それで3日間かけて、月の表面の引力圏にまで到達させて、それから月の軌道に乗せて、それから無事、着陸船を月面に着陸させる。しかも行きと同じことを帰りにも行なわなくてはならない。そっちのほうがさらにもっと大変だ。果たしてそんなことができることなのか？

今の今でもアメリカでさえ、スペースシャトルの打ち上げや地上への帰還に失敗を繰り返している。全部で4機あるスペースシャトルのうちの「チャレンジャー」（1986年1月28日に、発射後1分18秒で大爆発）と、「コロンビア」（2003年2月1日に、地上に帰還途中に爆発）の2機が大失敗している。今の今でもこんなものなのだ。

それを、どうして35年前に月に人を運んで降ろして、再び再発射させて、それを遠くの遠くの地球からの電波による遠隔発射指令で、テキサス州のヒューストン（あるいはフロリダ州のケープカナベラル）の司令室からの操作でやっていたそうだ。それから、ドッキングやら、月の軌道上への燃料点火での複雑な姿勢制御やらをやって、それでまた、地球にまで、無事帰ってこられるというのだろうか。おそらく、今やっても無理だろう。今から、20年後でも無理だろう。50年後なら、全く新しい種類のエネルギーを手に入れているだろうから人間の代わりにロボットを送り込むことならなんとかできるだろう。生身《なまみ》の生物は無理だろう。あの時、動物実験を済ませていると言っても嘘だ。していない。

どうして人間を月に送る前に、亀とか、ねずみとかの小動物さえも送る実験をしていないのだろう。いきなり人間だった。動物実験は済ませたとＮＡＳＡが言い張っても無理だ。あとで調べたら、１９６９年7月初めに「ボニー」という名の猿で実験している。アポロ11号の月面着陸の何と3週間前である。このボニーは、その7月7日に、ハワイ沖で死んだ状態で回収された。7月20日が月面着陸成功の日である。

アメリカは、あの頃焦って宇宙飛行船の打ち上げ開発をやっていた。それは、当時のソビエト・ロシアとの宇宙開発競争であり、ソビエトに対して劣勢であった。宇宙開発というよりも、核兵器《ニュークリア・ウエポン》を積んで飛ばす大陸間弾道弾《インターコンチネンタル・バリスティック・ミサイル》（ＩＣＢＭ《アイシービーエム》）の開発競争だった。当時はこのことに国家の存亡がかかっていた。アメリカ国民は、１９６０年代には、いつ何時《なんどき》ソビエトからの核攻撃があってアメリカの諸都市が壊滅するか分からない、という恐怖感の中で国民が生きていた。

その12年前の1957年10月にソ連のスプートニク号の打ち上げ成功があった。史上初めての人工衛星が地球の軌道上を飛んだのだ。これが宇宙ロケットの成功の始まりである。スプートニク号は、地表から200キロメートルから900キロメートルを飛んでいる。今は普通の軍用ジェット機でも地表50キロぐらいは飛ぶようだ。あのことはアメリカ国民にとっては、「スプートニク・ショック」と呼ばれた。国民的な大衝撃の日である。自分たちがソ連に宇宙開発で負けている、ということは、そのままアメリカの国家安全保障《ナショナル・セキュリティ》(国の存亡の問題)に関わることだった。

そして、その4年後の1961年4月12日に、ソ連は、ガガーリンの有人宇宙飛行に成功した。このことも大きく報道されたので、私たち日本人もよく覚えている。そこでアメリカは、当時のケネディ大統領が急遽《きゅうきょ》アメリカ連邦議会で演説した。ソ連のガガーリンの宇宙飛行成功の翌月である5月25日に、ケネディは「1960年代末までにアメリカは、人間を月に着陸させる」と議会演説で宣言したのである。これが「アポロ計画」の始まりである。

そして、ケネディは、次の大統領選挙で再選が確実視されていたのに、演説から2年後の1963年11月22日にダラスで暗殺された。彼はソ連との軍拡競争での弱腰をアメリカの軍産複合体《ミリタリー・インダストリー・コンプレックス》から嫌われていた。その後もこのアポロ計画は継続され、当時で、9兆円の予算と8年の歳月をかけて実行された。

そして、1967年1月27日には、アポロ1号（と後に、命名された。元々は「AS－204」号と呼ばれていた）が、訓練中に火災事故を起こして、飛行士が3人、中で焼け死んでいる。**この時死んだ船長は、「人間を月に送れるはずがない」と計画に疑問を持っていたという。**ガス・グリソム Gus Grissom 船長という。この人の未亡人が、前述したFOXの番組に出ていて、**「アメリカ政府は、多くのことを隠している。真実を明らかにしてほしい」**と語っていた。この件については本書の63頁でも説明する。

## わずか3年半で、6回も慌ただしく月面着陸をして、その後ピタリと消えた!?

アポロ11号の「大成功」のあと、続いて世界中を仰天《ぎょうてん》させたアポロ12号も、月着陸に成功したことになっている（1969年11月19日）。そして、そのあと、翌年、1970年4月11日に打ち上げられたアポロ13号が、「月面着陸しようとして失敗したが、なんとか無事に、地球まで引き返して、飛行士3人とも生還する」という〝奇跡〟を起こしている。これは、後に、『アポロ13』（1995年製作、ロン・ハワード監督、トム・ハンクス主演）という映画になっている。この奇怪な映画ではいくら巧妙にごまかそうとしても、おかしな点がいくつも出てくる。爆発で丸く開いた穴を四角の詰め物でふさいだ、とかだ。そんな話を誰が信じるのか。**『アポロ13』は、悪辣《あくらつ》なやらせ映画なのだ。**

その後も14号、15号と月着陸の成功が続き、そして1972年4月16日には、アポロ16号が、またもや「故障を克服して」月面着陸に成功している。23日に離陸、4日後の27日に帰還。そして、同年の1972年12月7日に、「計画最終機」としてアポロ17号が打ち上げられた。13日に月面活動をして、「月にはかつて火山活動と水があったことが推定される」と発表して、19日に帰ってきた。そして12月19日に、慌《あわ》ただしく、「これで、アポロ計画は全て終了」とNASAから発表された。これで全てが終了した。予定されていた後継機のアポロの打ち上げは全て中止された。……なんだか、とっても変でしょう。

どう考えてみても、変でしょう。なぜアメリカ政府は、こんなに慌ただしく、「1969年7月から1972年12月までの3年半の間に、計6回の月着陸を行ない、12人の飛行士が月面に降り立った」という無謀なことを、やったのだ。たった3年半の間のことである。その間に、6回（アポロ13号を入れれば、7回）も月までロケットを飛ばして、それで、月面着陸をやって、毎回、同じような、宇宙ショーをやったことになっている。

月には大気がない。国旗が揺れているのはなぜ？

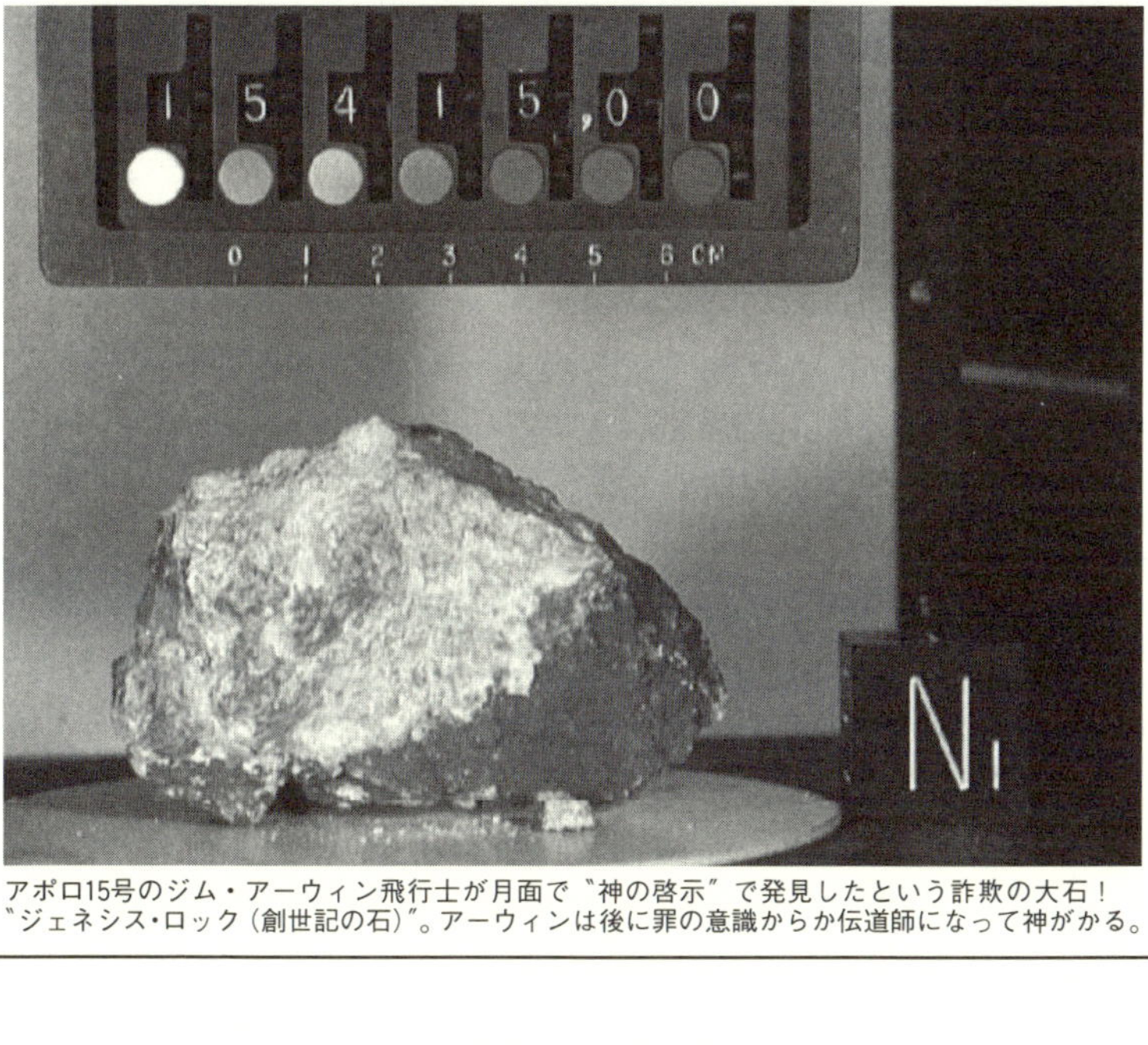


アポロ15号のジム・アーウィン飛行士が月面で〝神の啓示〟で発見したという詐欺の大石！〝ジェネシス・ロック（創世記の石）〟。アーウィンは後に罪の意識からか伝道師になって神がかる。

おかしいでしょう。今、この時の2004年の技術力をもってしても、本当に、ウサギ一匹を無事、月まで送って、それで事無く、完全自動制御で、生きて連れて帰ってこさせることができるか。おそらくできない。人類の技術水準はまだそのずっと手前である。映画『アポロ13』の中でNASAの技師が「計算尺」を使って懸命に軌道《オービット》の計算をしているシーンがある。まだ地球を周回するだけでも大変だった。

いや、そんなことはない。アポロ計画は本当にあって成功したのだ。そして、計画は終了したのだ。……なぜ、終了したのだ？　あんなに急いで、何をやりたかったのか。何が成果なのだろうか。35年後の今になって、私たちの身の回りに、あの時の月面着陸や、月から持ち帰ったとされる物質（岩石）の成分や組成の解明の成果が分かりやすい言葉で、明らかにされたことが一度でもあっただろうか。月の石を分析して発表された専門論文なら何百本もあると言うのだが。

「だから〝月の石〟が、いろいろなところに展示されているじゃないか」だと？　本当にあれらは、「月の石」なのか。本当に、NASAのヒューストンにある展示場に展示されている「月の石」は、本物だろうな。日本の上野の国立科学博物館にも今も展示されている「月の石」は本物だろうな。本当は、地球に降ってきた隕石《いんせき》か何かなのではないのか。細かく検査して、成分を調べれば、それが月にあった岩石なのかは、分かるはずなのだ。

「月の石」については、まとめて後のほう168頁で論じる。

１９７２年12月でアポロ計画を終了するという発表のあとは、「月に行く」とか、「月面に基地を作って、有用な資源を調べる」という話は、パタリと消えた。以後、31年間NASAは月面開発の計画をしなくなった。ところが、２００３年12月5日にブッシュ大統領が、中国の有人地球周回の成功のあと、選挙目当ての泥縄《どろなわ》のような「月計画」を発表した。そのことについては２６７頁で後述する。世界中の人間の目を欺《あざむ》くように、火星への探査機の軟着陸成功を大々的に発表した。あとはスペースシャトルの計画の見直しの一辺倒である。

## 陰謀をめぐらしているアメリカ政府の悪業を暴く

ここまで書いてきて、私は、もうあとには引かない覚悟を決めた。私に向かって、「アポロ計画は無かったという陰謀論を振り撒《ふま》き始めた副島隆彦」というレッテル貼りを始めるであろう者たちに予《あらかじ》め言っておく。月面着陸の陰謀をめぐらしてきたのは、アメリカ政府のほうであって、私ではない。私は、その、許せない陰謀を暴いて、真実を追求しようとしている。どちらが陰謀論者なのか、よく考えてから言ってほしい。

実は、1957年10月の史上初の宇宙船であるスプートニク号の成功から2年後のことである1959年9月14日に、ソ連のルナ2号が、「ペナントを積んで、月面に到達」している。この「月へのソ連のペナントの到達」とは、地球からロケットが飛んでいって、地球の引力圏から脱出して、月の周りの軌道に入り、そして、周回したのちに、宇宙船は月にまで到達して、ペナントを月の表面に置くことに成功したということだ。

いや、真実はそういうなまやさしいことではなくて、きっとそのロケットは、月に激突して粉々になっただろう。そう考えるほうが自然だ。つまり、**ソ連は、この時に初めて、月にまで届くミサイルを打ち込むことに成功した**ということだ。

そしてそれから、4年後の1963年6月16日に、ソ連は、ヴォストーク6号で、女性宇宙飛行士テレシコワさんの地球周遊を成功させている。これは、女性も宇宙飛行士になれるという世界政治的なキャンペーンである。そして、その2年後に、ソビエトのヴォストーク2号が初の宇宙遊泳 Space《スペイス》 Walk《ウオーク》 に成功している（1965年3月18日）。アメリカは、これを激しく追い上げて同年の6月3日に、ジェミニ4号で、宇宙空間での飛行士の命綱《いのちづな》をつけた遊泳をやってみせた。この映像も私たちの脳裏に刻まれている。宇宙空間で、宙返りをやって見せたりした。現在では、宇宙遊泳は単に船外活動 extravehicular《エクストラヴィーキュラー》 activity《アクティビティ》 という。

## 例の宇宙遊泳はせいぜい地表近接の300キロ

それでだ。ここで重要なことがある。「ほらみろ、宇宙空間に人間が出られるのだから、月面を歩いて何の不思議なことがあろうか」という反論になる。ここに謎がある。重要なことは、その「宇宙」outer space《アウタースペイス》というのは、一体、地球の地表から、どれぐらいの距離か、ということが重要な問題なのだ。地表から200キロメートルの高度なのか、500キロメートルなのか、2000キロメートルなのか、それとも2万キロメートルなのか。これらの距離の問題がある。宇宙遊泳は一体、何キロのところで行なわれていたのか？

私が少しだけ調べて分かったのは、静止衛星というのがあって、これは、かなりの遠くを飛んでいることが分かった。だいたい地表から3万6000キロメートルの遠さである。静止衛星Geostationary Satelliteには、通信用のものと放送電波用のものと、その他に気象観測用のものがある。静止衛星がなぜ3万6000キロの遠距離にあるのか、といえば、それは、地球の引力（重力）あるいは向心力と、自転から生まれる遠心力が均衡する点だから、そこで衛星が静止できるのだろう。それが高度3万6000キロなのだろう。月までは、そこからさらに9倍の38万キロメートルの彼方《かなた》である。

　現在のスペースシャトルは、地表から250キロメートルのところを飛んでいるから船外活動もここで行なわれている。2003年3月のイラク戦争の最中に、日本国産のH《エイチ》2A《ツーエイ》ロケットが、日本初の情報偵察衛星（＝本当はスパイ衛星、軍事用）を積んで1回目の打ち上げに成功している。情報偵察衛星は通常の人工衛星よりももっと低い軌道上を飛んでいるだろう。合成開口レーダーのカメラで北朝鮮とかの地表の軍事目標の動きを精密に撮影しなければいけないからだ。ところが、2003年11月29日の、2回目の情報偵察衛星を積んだH2A《エイチツーエイ》6号機の打ち上げに失敗している。部品にアメリカ製の悪いものを紛れ込まされたかららしい。

　スペースシャトル計画は、華々しく、1981年4月の「コロンビア号」の成功から始まった。ところが、スペースシャトルというのは、何をやっている計画なのかがはっきりしない。地球の周りをぐるぐる回る以外のことをスペースシャトルというのは、やらない。ぐるぐる回ることが、そんなにすごいことなのか。その最中に船内でいろいろの「無重量状態での実験」をすること以外の何があるのか。こうやって有人で地球をグルグル回るだけでこの35年が過ぎたのだとも言える。皆が夢見たあの月旅行は一体どうなった？

　日本の宇宙開発事業団（NASDA《ナスダ》。現JAXA《ジャクサ》、宇宙航空研究開発機構）は、毛利《もうり》衛《まもる》氏、向井千秋《むかいちあき》氏、若田光一《わかたこういち》氏、土井隆雄《どいたかお》氏の4人を、スペースシャトルに乗せてもらった。**ひとり乗せてもらうために1回あたり日本政府は、800億円（?）のお金をNASAに払ったらしい**がこの金額も秘密である。

アメリカは、スペースシャトルで、ほとんどは軍事研究をやっているようだ。レーザー光線爆弾のような物の開発をやっているのだろう。

スペースシャトルが飛んでいる地上から250キロメートルぐらいなら、宇宙といってもたかが知れている。まだ十分に大気圏《たいきけん》だ。ここで、宇宙遊泳をするぐらいは、人体への放射能の影響は危険なほどではないのだろう。

「国際宇宙ステーション」（ISS《アイエスエス》、International Space Station）というのが現在あって、飛行士たちが長期滞在している。アメリカとロシアを中心にやっている。日本もこれに参加していて最近「きぼう」という実験棟（宇宙ステーションの一部となる大型ドラム缶状のもの）を一個、3500億円の費用をかけて完成して、NASAに送った。日本のISSへの参加割り当て物である。「何のために、今頃宇宙ステーションなどという、ドラム缶のような物をつなぎ合わせた物を、建造する必要があるのか」と質問されたら、主催者側が困るのだろう。この宇宙ステーション計画というのは、「ミール」というソビエトの宇宙ステーション計画のあとを継いで各国協力で推進されている。何のためのステーションなのか？　ここから月に有人ロケットを飛ばすための中継基地にするはずだった。と、確か、私は記憶する。しかし、今、このＩＳＳ計画には、「月への中継基地」という言葉は全く聞かれない。消えてしまっている。このことを、つい最近、２００4年5月7日に、ＪＡＸＡ《ジャクサ》（宇宙航空研究開発機構）を訪ねて、私は確認してきた。月へは簡単には人間を送れないのだ、と世界各国の宇宙ロケット開発担当者たちは、十分に知っている。だが、アメリカ政府（ＮＡＳＡ）に逆らうことはものすごく恐《こわ》いことなので、誰もこの一言《ひとこと》を口にしない。

私たちが普通乗る旅客機（ジャンボジェット機）は、高度、1万メートル（10キロ）ぐらいを飛んでいる。そのことは雲の上に出るから分かる。37頁の図表を参照して下さい。雲は、「成層圏《せいそうけん》」の下の「対流圏《たいりゅうけん》」を作っている。対流圏の中にあるから雲は流れるし、雲の中に飛行機が入れば機体が揺れる。その上に出れば安全だ。この、地表から10キロ～17キロぐらいまでを対流圏と言う。そこから上の地表から40～48キロメートルぐらいまでが、成層圏である。

さらにその上の、地表から１００キロメートルは、「均質圏《きんしつけん》」と言って、空気がちゃんとあって私たちの吸っている空気と同じものである。ただしかなり薄くなっているだろう。人工衛星はたくさん打ち上げられて地球の周りを回っている。だいたい地表から２５０

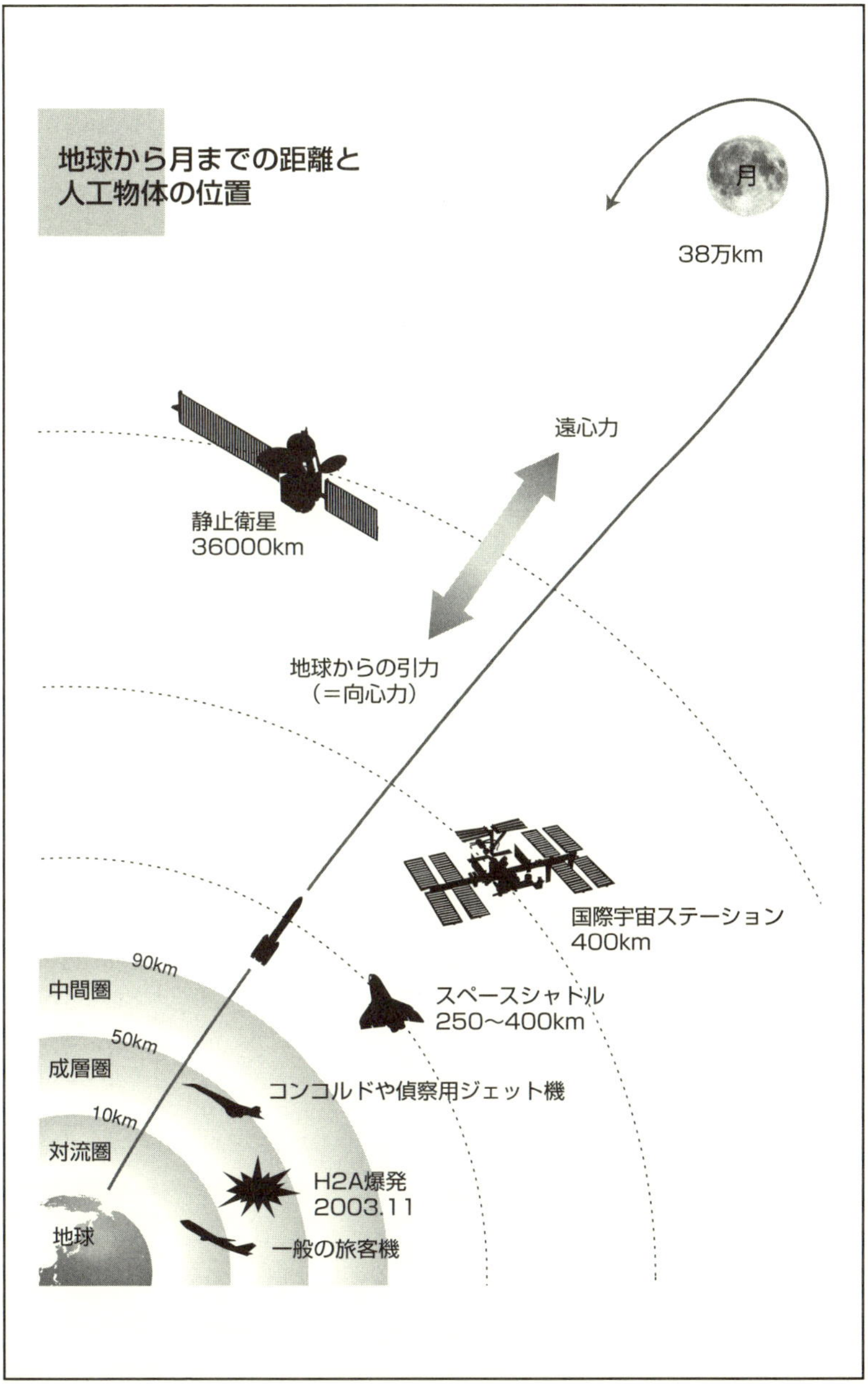
地球から月までの距離と
人工物体の位置
月
38万km
遠心力
静止衛星
36000km
地球からの引力
（＝向心力）
国際宇宙ステーション
400km
スペースシャトル
250〜400km
90km
中間圏
50km
成層圏
コンコルドや偵察用ジェット機
10km
対流圏
H2A爆発
2003.11
地球
一般の旅客機

キロメートルぐらいを飛んで、地表を撮影したり内部の地質を電波分析したりしている。惑星探査機と呼ばれる、使用後「人工惑星」となるものは、たとえば、木星・土星探査機「ボイジャー」が1977年に打ち上げられ、1979年木星に、1980年土星に接近し撮影した。金星探査機の「マゼラン」が1989年に打ち上げられ、1990年に接近して、撮影し、1994年消滅した。木星探査機「ガリレオ」が1989年に打ち上げられ、6年後の1995年に接近、撮影、消滅した。火星の表面にエアバッグ方式で無事、着陸したとされる4輪駆動の「パスファインダー」（1996年に打ち上げ）は、火星の地表を動き回ったのち壊れた。しかし、これも相当に怪しい。そして一番怪しいのは今年の1月3日に、火星に着陸した無人火星探査車「スピリット」である。火星にも大気があって、火星の表面を自分の車体も含めて「全体が青色や緑色をした映像、しかも後に赤茶色に統一された映像」を送ってきた。あれは本当に火星の表面なのか？

月面を無視するかのように次々と実行される最近の惑星探査機でさえ、ようやくこんな程度なのに、どうして1969年から1972年に、まるで砂丘のような所をゴーカート（サンド・ローバー）で飛行士が走り回るようなことを月面でできたのか。月の表面を月面走行車（アポロ15号から登場）で走り回るようなことが、本当にできたのか。月面を何十キロも先まで探検したという。不思議をとおり越す異常さだ。

**月の表面が一体、どうなっているのかを、いくら地球から観測しても、分かるわけがない。**そこにいきなり人間を送り込んで、しかも、地表を歩かせた。今やってもできるわけがない。**あれらは、全て地球上のスタジオで撮影された偽物の映像だったろう。**

その場所は、アメリカのネバダ州の、砂漠の中にある、厳重監視の、一般人は絶対に近寄れないアメリカ政府の研究地域にあるという。それは、「エリア51」Nevada desert "Area 51" という場所だそうだ。そのように前述のＦＯＸの番組も映し出していた。その地域に近づく者は、進入禁止のフェンスに近づく前に、警察と軍の警備の車に必ず追い返されるそうだ。これはアメリカ国民にもよく知られている話だ。

おそらくそのネバダの砂漠の中の研究施設のなかに、大きな砂漠付きのスタジオがあって、そこで撮影されたのだろう。映画『カプリコン１』で撮影されているとおりだ。まるで、映画『２００１年宇宙の旅』を地で行っている。スタンリー・キューブリック監督の製作した大作、『２００１年宇宙の旅』"2001：A Space《スペイス》 Odyssey《オデッセイ》" が１９６８年である。その翌年に、キューブリック監督が、アメリカ政府から特別に制作委託を受けて、イギリスのロンドンの郊外にあるシェパートン・スタジオ（ＭＧＭ社）に半年も籠《こ》もりっきりになって何かを撮っている。それが、今から考えれば例のアポロ11号の月面活動の映像である。

**アメリカ政府は、どうして、こういう大詐欺師のやることを、やってしまったのか。**もし人類の月面着陸が捏造（hoax　ホウクス）であったとしたら、**それは、人類に対する罪である。**私たちみんなの脳（頭）に対して、この35年間、巨大な虚偽を刷り込んだことになる。**まさしく文明規模の犯罪である。今のアメリカというのは、こういうことまでする巨大な偽善の大国である。私はこのように断定する。こう主張する私に対して、「まさか、そんなことは信じられない。お前こそは嘘つきの陰謀論者だ」と言いたい人は言えばいい。**

## 6回の月面着陸とも全《すべ》て、全《まった》く同じ背景写真と場所!!

だから、ここからは、あくまで、今、私が主張していることが正しくて、「人類が月面着陸に成功した1969年のアポロ計画」のほうが虚偽であるならば、の話だ。私が今書いていることが、俄《にわ》かには信じがたいという人がほとんどだろう。「そんなことはありえない。アメリカ政府がそんなことまでしたはずがない」と、私の書くことを信じない、というのであれば、それはそれでいい。ただし、私の主張に対してそういう反発と反感を感じる人々を含めて全ての人が、この先、何年でもこのアポロ問題を真剣に考えることになる。自問自答を繰り返す。真実がはっきりするまで。

もし、あなたが、理科系で、技術者で、私、副島隆彦が書くこの本などよりも、ずっと、もっとこの問題についてたくさん事実を知っているというのなら、教えてほしい。どうか情報と知識を持ち寄ってほしい。本書の編集部宛てか、あるいは奥付に示す私のアドレス宛てにEメールを下さい。

私は、ナチュラル・サイエンスやテクノロジーについては、何にも知らないに等しい。だから専門の技術者たちの意見に、私は真剣に耳を傾ける。ただし、日本人の理科系の技術者たちといっても、私は、彼らがそんなにずば抜けて才人である人は少ないと思っているので、そんなに買いかぶらない。本当に鋭い人たちなら、私のようなナチュラル・サイエンスの素人がこういうことを書く前に、とっくに、大きな真実を洞察して指摘していなければいけない。私のような素人の後追いをするようでは情けないのだ、と予《あらかじ》め言っておきます。ここそこと匿名《とくめい》、仮名であちこちに断片的な真実を書いているようでは情けない。

繰り返し書くが、私が見た報道番組の映像記憶から再現するが、あんなに小さな「着陸船」だけで、**司令センターも発射台《ローンチ・パッド》もなしに、どうやって、月の表面から自力で発射できたのか。あの着陸船（LM）には再発射のためのロケット燃料の部分がないのだ。燃料を積み込んでいるブースターの部分が見当たらない。いくら月に大気がなくて重力が地球の**

**6分の1で弱いから、といって、このことだけを理由にあんなに簡単に打ち上がるはずがない。きっと上から特撮ロープで引っ張り上げたのだろう。**

しかもである。アポロ13をのぞく**6回の大成功の月面着陸の場所が、全て、全く同じような背景と場所**なのである。私は、詳しく映像を調べたわけではないが、どれもこれも、全く似たような場所だ。例のおまんじゅうのようななだらかな〝月の丘〟が決まって向こうに見える。6回とも全てきれいに平地に着陸している。6つの着陸船が、互いに一体、どれぐらいの距離を離れて着陸したということになっている。200キロメートルか、300キロメートルか。それぞれの着陸地にはNASAの発表による地名がついていて以下のとおりである。

アポロ11号　静かの海
アポロ12号　嵐の大洋
アポロ14号　フラマウロ丘陵
アポロ15号　ハドリー峡谷・アペニン山脈
アポロ16号　デカルト高地
アポロ17号　タウロス・リトロー峡谷

これら一つひとつの場所を今からでいいから本当に厳密に、月面上で特定してほしいものだ。そして写し出してほしい。着陸船の土台部分（下部）や、月面走行車や機材の残骸《ざんがい》が今も各々に残されていることになっている。綿密な事前調査もなしで、着陸してみなければ、そこがどのような形状かも分からない、というようないい加減な着陸の仕方というのが一体あるのだろうか。何から何まで変である。

だから、**もし、6回の月面着陸が実在するというのなら、その痕跡《こんせき》と残骸の機材が、今なら地球から精密な高性能望遠鏡で観察できるはずなのだ。**全て月の表側であるから、月の裏側だから見えない、という理由はない。全て地球向きの私たちに見えるほうだ。それがはっきりと高性能の光学式の望遠鏡で見えて証拠の精密写真がある、というのなら、私は、自分の疑いを全て撤回する。２００４年の今は、相当にものすごいマイクロ波式の望遠鏡や電波望遠鏡もあるから、月の表面ぐらいは、何でも写しだせるはずなのだ。なぜ、どうして、あのハッブル宇宙望遠鏡で写して誰もそういう証拠を私たちに見せてくれないのだろう。テキサス州のヒューストンのＮＡＳＡの記念館に行けば、そういう写真や、本物の月の石が置いてある、そうだ。それらは本物か？

本当の本当はＮＡＳＡからの厳命で、各国の天文台は、「月の表面は、写してはならない」ということになっているらしい。日本に対しても、ＮＡＳＡからの命令で「青木報告書」というのがあって、「月面の人工物を写したものは公開してはならない」という恐ろしい規制がかけられているという。この「青木報告書」を私は日本政府の公文書館で捜しているが極秘文書扱いになっているらしく見ることができない。

## 「解像度」「分解能」について

私がこのように「月面を精密に写せ」と２００３年5月に自分の主宰するホームページである『副島隆彦の学問道場』で書いたところ、嵐のように妨害の投稿メールが殺到した。その中に「月面の人工物をカメラで写し出すことは無理なのです」という、奇妙なメールが何本も来た。私の言論を押しつぶそうという特定の特殊な筋からの圧力のつもりなのだろう。

そこにいわく。「ハッブル宇宙望遠鏡は世界最高の分解能（細かいところまで見る能力）を持っており、０・０５秒角の分解能があります。それでは月面の幅90メートルのものを見るのがやっとでしょう。だからアポロ11号の機材は写せないのです」とか書いてきた。

あるいは後述するＪＡＸＡ《ジャクサ》（宇宙航空研究開発機構）広報部がインターネット上で公開

している「月探査情報ステーション」にも「残念ながら、写せないでしょう」という奇怪な言い訳だけをダラダラと書き連ねている。この「月探査情報ステーション」についてはは本書245頁以下で徹底的にとりあげる。私はアメリカのNASAに尻尾を振る日本のカウンターパート（応対組織）であるJAXAの責任をも徹底的に追及する。

この公式サイトの中で、次のようにも書いている。

---

残念ながら、これでは（やがて日本が月に送る探査機の）「セレーネ」（Selene）のカメラでは（アポロの残骸は）捉えられそうにはありません。運良く、何となく黒っぽい「点」が写真に見つかったとしても、それが岩なのか、着陸船なのか、月面車なのかまで、はっきりと捉えることはできません。まして、測定機器や旗を上空から写真に撮ることは……不可能です。

---

万事がこの調子である。月面探査機のカメラの「解像度」（ある物体を一つの点として見わける能力）が足りないから、直系8メートル以下（右のホームページではセレーネのカメラの解像度は最高で8メートルと書いてある）の物体は点としてしか写せない、の一点張りである。地球軌道に打ち上げてあるハッブル宇宙望遠鏡の「分解能」は「0・05

秒角」だから月面の幅（直径）90メートル以下のものは写せない、と言い続けている。
実におかしな言い訳である。地球の表面を現在のスパイ衛星では、直径5センチメートルのもの（タバコの箱大）まで識別できる。それぐらい合成開口レーダーに搭載する光学技術は進歩している。それなのに、月面の残留人工物は絶対に写せない、写らないのです、の一点張りである。月面には大気もないのだから透明だから、もっとキレイに写る。どうして「写せない」とばかり言うのか。写せ。そして全世界に公表せよ。できないはずがない。……だから前述した青木報告書なのか。アメリカ政府は日本、欧州を含めて各国政府に厳しい圧力をかけている。

だから、日本が近年打ちあげる予定の月面探査機「ルナＡ」"Lunar A"も「セレーネ」"Selene"も、次々と発射延期になっている。統一ヨーロッパのＥＳＡ《イサ》（Europen Space Agency ヨーロッパ宇宙庁）が２００３年9月27日にＳＭＡＲＴ－１ スマート1号という月探査衛星を打ち上げて、２００５年2月に月に接近して表面探査をする。この成果に期待したいが、月面を精密に写すことはアメリカによって禁じられている。

## 宇宙空間は放射能で満ちているから、人間は行けるわけがない

私は、今から5年前に、フロリダ州のケープカナベラルにあるケネディ・スペース・センターに観光で行ったことがある。ここが今もスペースシャトルの打ち上げ基地である。そこの観光客向けの展示場で、数十メートルにわたってドカーンと横たわって、アポロ何号だったかの模型が、展示されていた。全く新品の奇麗なロケットだった。それ以外は、いくつかの月面映像フィルムがある程度の展示施設だ。宇宙服やら月の石も置いてあったが、遠ざけてあって気軽に触《さわ》れるようには置いていない。それからバスでスペースシャトルの発射台の周りをぐるりと回っただけだ。ワニ（アリゲータ）が一匹、遠くの水路にいるのに気づいて感動したぐらいのものだ。今から考えればおかしな遊園地だ。

**アポロ11号も、13号も、17号も、おそらく、打ち上げられただろう。しかし、それらは全て地球の周りをぐるぐる回っていただけではなかったのか。**いや、打ち上げてさえいないかもしれない。私には、どうもそのようにしか思えない。どう考えてもそうだ。それで、往復8日間分ぐらいを、ぐるぐる回って、地上に降りてきた。あるいは降りてきた、と報道発表したのだろう。13号はその地球周回の途中でさえ、事故を起こしたのではないか。

**8の字で、月まで行って、それで、月の周りを回って帰ってくる、というのさえ、今の今でも至難の業《わざ》**に私には思える。人類の技術力というのは、そんなにすごくはないのだ。現に地球から出たり入ったりするだけでもスペースシャトルがあのように爆発している。

だから、ソビエトの飛行士が、このFOXテレビの番組のインタヴューで証言していた。

**「私たちは、月に行こうなどと考えたこともない。そういうことが可能だと思ったこともない」**とはっきりと答えていた。それなのに、アメリカは、そういう「人類の大きな夢」を実現したのだという。生体の生身の、人間の体が、地上から500キロメートルから先の、2000キロメートル、3000キロメートルの空間に耐えられるとは私は、思わない。**激しい放射線（今は宇宙線と言う）を浴びて全身が焼け爛《ただ》れて、あるいは生物の体は一瞬のうちに蒸発する**のではないか。

金属とちがって、生身の動物の体というのは、本当に弱い物である。それが、あんな恐ろしい宇宙空間などで高度2000キロメートル以上の所で長時間、存在できるわけがない。たった100度の熱を断熱するのにさえ、素材開発でこれほどに無力なのに。

今の消防士の着ている防火服の最先端の素材でも、100度の熱の中で、一体何分間耐えられるようにできているだろうか。あの宇宙服というのは、生命を維持するために、地球からの発射と着陸の時だけ宇宙船内で着るもので、それ以上の役目を果たせるはずがない。

あんな、現在のスキーウェアのような繊維素材の、薄い宇宙服で、一体、どれほどの所に行けるというのだろうか。たとえば、海底にたった１００メートル潜るだけで、あれほどの、金属の重い潜水服を着なければいけないのに、**どうして、宇宙空間がそんなに安全な所でありえようか。**「宇宙空間は0気圧あるいはせいぜい2気圧だから大丈夫だ」などという反論には私は納得できない。月面温度は、太陽が照っている所では１２７度（１２７℃）になり、日陰になると、とたんに零下１７０度（マイナス１７０℃）になるという研究報告がある。この温度差は３００度である。無重量と言われ、真空に近いとされる月面に生身の人間が、だから行けるはずがない。

地表から92・4万キロメートルまでぐらいが地球の引力圏である。92・4万キロというのは相当な距離だ。そのうちの**ほんの地表でしかない、わずか高度３００キロメートルぐらいのところを飛んでいるだけなのが、スペースシャトルだ。国際宇宙ステーションにしてもたかだか地表４００キロメートルである。東京、大阪間の距離である。**

さらには、人間が、というよりも、**地上生物が、「ヴァンアレン放射線帯」を超えることができるのだろうか**と私は、素人考えで考えてしまう。ヴァン・アレン・ラディエーション・ヴェルト Van Allen Radiation Belt というのが、地球の周りをドーナツ状に取り巻いているという（51頁の図参照）。それは、地表から2000キロメートルから4000キロメートルのところにひとつ目があるという。2つ目は2万キロメートルぐらいのところにあるという。

ヴァン・アレンという学者が発見した。この**ヴァンアレン帯はきわめて強い放射能（各種の宇宙線）の帯**だという。ここは地球の磁場に高速の陽子や電子が捕らえられて集まっている場所だという。つまり、**宇宙というのは、激しく放射能で汚染された場所なのだ。**そんな強い放射能の中を人間が生身で通過したら、おしまいだと思う。**激しく被曝《ひばく》して全身が焼け爛《ただ》れ**てすぐに死んでしまうだろう。

広島や長崎の原爆被爆者の映像フィルムがアメリカ政府にはたくさん保存されている。「戦略爆撃調査団《ストラテジック・ボミング・サーベイランス・ミッション》」というアメリカの政府機関が、日本の敗戦直後に、一番乗りで広島・長崎に乗り込んできて、被爆者たちを放射能被曝者としてたくさん撮影してそれらは研究用にアメリカに持ち去られ残されている。それらの多くは今も日本では公開できない。あの映像の中の被爆者たちのように宇宙飛行士は、放射線を浴びてしまう。**それらの各種の宇宙線から人体を守るには、1・8メートルの厚さの鉛《なまり》の壁が必要だ**と言われている。今でもレントゲン線をさえぎるのにさえ医者やレントゲン（エックス線）技師たちは鉛の防護エプロンをする。

## ヴァンアレン帯（断面図）

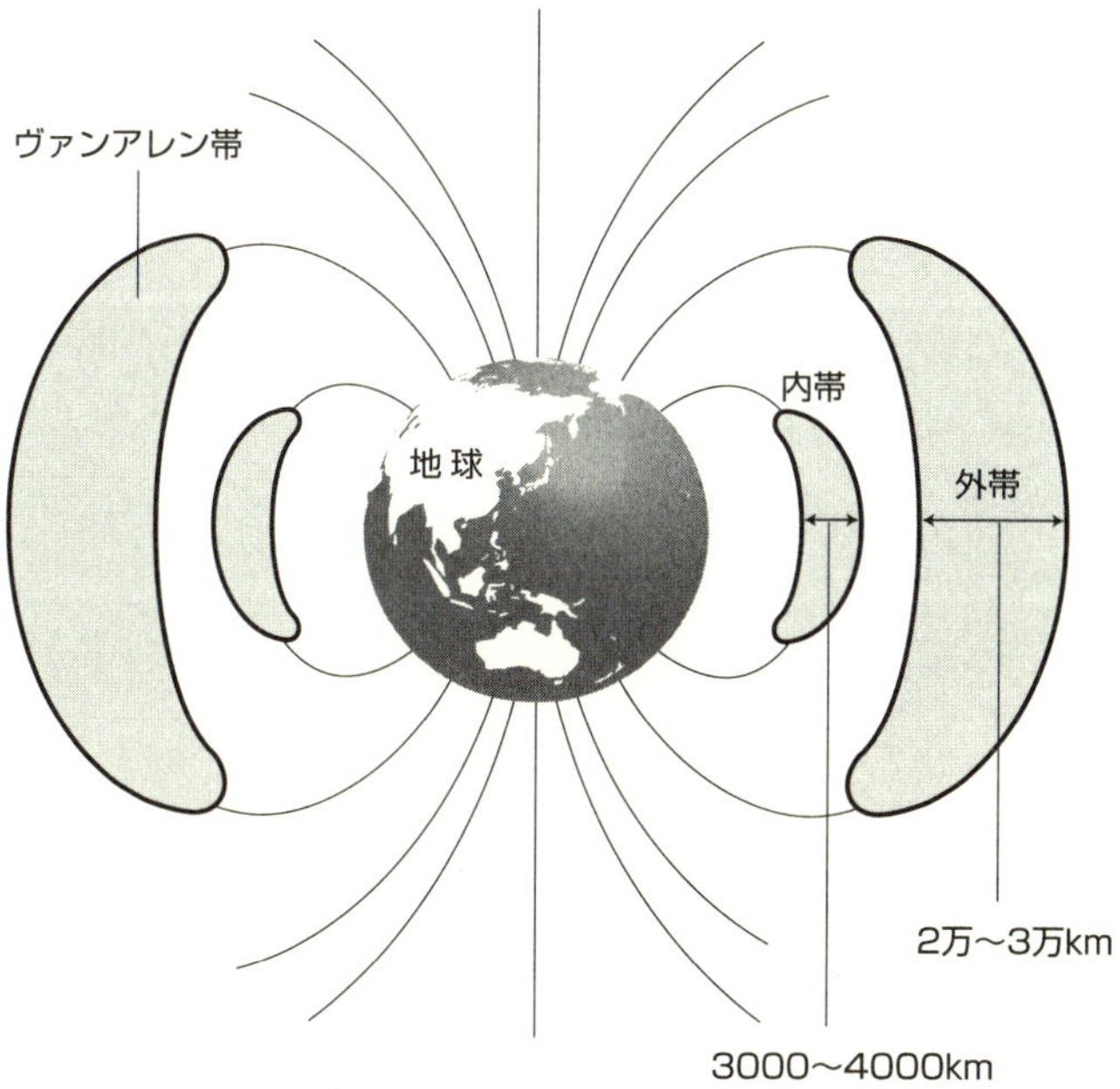


2本のヴァンアレン放射帯。2本の帯には明確な境界線がないまま、内帯と外帯と呼ばれる2つの領域を構成する。地球の表面に近いほうから内帯、外帯と呼ばれる。ヴァン・アレンという米国の学者が存在を発見した。

出典『アポロは月に行ったのか？』（雷韻出版）

最近のノーベル賞をもらった、ニュートリノという光子のような物が、一瞬のうちに地球を貫通することを研究して、質量（重さ）があるから物質である、とかそうではないとか、というような難しいことを調べている人々は、どうして、こういう「宇宙は放射能で汚染されているから、とても人間は、そこには行けない」ということを平易に言わないのだろうか。放射能をたくさん浴びて、それでも元気だということはないと思う。だから、私は、人間は、ヴァンアレン帯を超えてその向こうには行けないだろう、と推測する。専門家の人たちの意見を聞きたい。

通常のジェット旅客機のパイロットたちでさえ、時々目がチカチカするほど宇宙線が目に飛び込んでくると言う。ついに最近、組合（航空会社の乗務員で作る、正確には日本乗員連絡会議および客室乗務員連絡会）が「放射線の被曝からパイロットを守れ」という声明文を出した。年間被曝量３mSv（３ミリシーベルト）以上は危険なのだという。この被曝量問題はさらに１６０頁で論じる。

私たちの「学問道場」サイトには、医師だけでも数十人が集まっている。理科系の各種の技術者が数百人はいる。だから、このサイトの主宰者である私、副島隆彦が、不確かでいい加減なことを書くと、自分の信用に関わるから、やめなさい、と言われたりもする。何でもいいですから私宛てにご意見のメールを下さい。あるいは、掲示板に投稿して下さい。

## 人類の月面着陸の捏造《ねつぞう》はアメリカ政府の人類に対する大犯罪である

「人類が月面着陸した」（アポロ計画）などというのは、アメリカ政府の巨大なでっち上げであり、当時のソビエトとの核戦争を控えた開発競争のために、世界中の人々を騙すために、仕方なくやったことだったと、アメリカ政府が自分の人類文明への犯罪を詫びて、恥じる時代がやがて来る。

彼らアメリカ政府の管理者たちは、その時居直るだろう。「ヒトラーが言ったとおり、大きすぎる嘘には、民衆は騙されるものだ」とか「巨大な嘘ほど全ての人を騙せる」とか言い合って、権力者風に互いに笑い合いながら、1969年という大昔に、こういう巨大なでっち上げをやったことを悪びれずに表明するだろう。まさに人類の真理探究に対する犯罪である。

私の頭がおかしいから、そういうとんでもないことを、言い出す（書き出す）のか、それとも、地球人類のほとんどを騙し続けてきたアメリカ政府の大犯罪はこれから先もずっと続くのか。このことを皆さん自身が、一人ひとり自分の頭で、考えて下さい。それとも、

「そんな恐ろしいことを書くお前の頭がおかしい」とやっぱり私を否定するか。

私は、誰が何と言おうと、どんな圧力を受けようとも大きな枠組みの中に置かれていて、これは真実だと判断される事実の束《たば》しか信じない。

## 理科系人間はただの気の弱い計算ロボットだ

副島隆彦です。今日は、2003年5月1日です。

私は、前回の「人類の月面着陸は無かったろう」論を相当、本気で書きました。以下に載せる私たちの「学問道場」の会員たちからのメールは気取らない、真面目な思考の積み上げのある好感の持てるメールです。こういう意見と情報の積み上げを、ここの会員を中心にして、これからもコツコツとやっていきましょう。

会員にもならず、そのくせ気になって気になって仕方がないものだから、私たちのこのサイトを盗み読みに来て、それで、くだらないことを書きつけていく人たちが大勢いる。自分の名前も名乗らず、自己紹介もできないような、ひねくれ者たちには用はないから、さっさと消えなさい。私たちにまとわりつくな。己《おのれ》のその歪《ゆが》んだ性格の根源を問え。自分自身が偏《かたよ》った人間なのだと気づきなさい。

私は、この「人類の月面着陸は無かったろう」論の続きは、あとで十分に皆の意見と情報が集まってからやります。自分の脳が激しく動揺している会員は、どうかこれから3年ぐらいの時間をかけて、静かに結論に至って下さい。事を急《せ》いては駄目です。私、副島隆彦の言論は、どうせ、日本の今の状況の中では劇薬なのです。私は、もう、今回以降、日本の理科系の人たちをおだてて、甘やかすのはやめました。文科系の人間たちと同じく、日本の理科系もやっぱり厳しく思考訓練をさせないと駄目だ、ただの気の弱い日本製計算ロボットたちなのだ、と思うようになりました。

ここで私の読者であるジョー君の投稿を貼り付けます。ジョー君の優れた投稿を皆さんも読んで下さい。

---

▼投稿者：ジョー　投稿日：2003／05／01(Thu)

皆さま初めて投稿させていただきます、ジョーといいます。よろしくお願いします。

さて、ここに書くのは、副島氏の〈ぼやき〉「430」「月面着陸は無かったろう」論に関することである。

「本当に鋭い人たちなら、私のようなナチュラル・サイエンスの素人がこういうこと

---

を書く前に、とっくに、真実を洞察して指摘していなければいけない。私、副島隆彦の後追いをするようでは情けないのだ、と予め言っておきます」

私は理科系の研究者であるので、この言葉を厳しく受け止めている。そこで理科系のサイトであるここに、この〈ぼやき〉に関する自分の考えを書きます。

まず私は画像上のトリックとかの類にはあまり関心がない。あった、ないとか、こう考えれば説明がつくの類の議論は水かけ論であり、反証可能でないという点では、非科学的である。

私が最も重要に思うのは次の副島氏の指摘である。

「最近のノーベル賞を貰った、ニュートリノという光子のような物が、一瞬のうちに地球を貫通することを研究して、質量（重さ）があるから物質である、とかないとか、というような難しいことを調べている人々は、どうして、こういう『宇宙は放射能で汚染されているから、とても人間はそこには行けない』ということを平易に言わないのだろうか」

この文章を私は真剣に考えたい。この「宇宙は放射能で汚染されているから、人間は、そこには行けない』という部分は、科学的に議論することができるし、また文献などを調べることもできる。したがって、これが証明されれば、やはり月には行けないのだということになる。

1時間ほどウェブ（インターネットのこと）を探してみたが、宇宙空間での放射線量というのはなかなか出ていない。したがって宇宙空間での放射線量というのは、一般的には大気上層部での放射線の量を指しているのであろう。

だから「人間が、というよりも、地上生物が、ヴァンアレン帯を超えることができるのだろうか、と私は、素人考えで考えてしまう」ということが証明されているのかよく分からない。これは調べてみなくてはならない。

さて、では、「あなたはこの『月面着陸は無かったろう』論を信用するのか？」と問われれば、私は「信用する」と答える。「今まで信用してきたが、今回の副島氏の『月面着陸は無かったろう』論には賛成できない」という人がいたが、これは逆である。「今まで信用してきたからこそ、この副島氏の考えも正しいだろう」というのが私にとっては納得のいく考え方である。

この学問道場のサイトでは、自分に関係のないことでは副島氏の言説を信用するが、自分の専門分野について指摘されると、とたんに反発するということが多々みられる。**自分の専門分野であるからこそ、たとえ脳が軋《きし》もうと部分的に壊れようと正面から見据えてみることが大切である。**ちなみに私はこれまでに副島氏の理科系に関する記述を読んで、かつて2、3日熱が出たような症状に見舞われたことが本当にある。

また立花隆の『宇宙からの帰還』という本に出てきた宇宙飛行士たちのことを考えても、この「月面着陸は無かったろう」論には真実味がある。『宇宙からの帰還』では、多くの宇宙飛行士が宇宙飛行の後に精神に異常をきたした事実が記されている。ある飛行士は頭がヘンに、またある者は伝道師になるというふうに、帰還後に精神に変調をきたした宇宙飛行士が何人もいたのである。そして精神に異常をきたした理由を「地球や宇宙のあまりの美しさに感動し、それを神からの啓示ととらえたから」というふうに立花隆は書いていた。

しかし、もし「月面着陸は無かったろう」論が正しければ、彼らが精神に異常をきたした理由は当然こんなことではない。**まさに歴史を捏造するというその悪事の大きさに耐えかね精神異常になった**と考えることができる。すなわちある者はその罪に耐えかね気が狂い、**ある者はそのまま更に人々を騙し続けるために伝道師になった**というふうに考えることができるのである。

この2つの説明のうちどっちが納得いくものであろうか？　少なくとも私個人の感覚からすれば、「嘘つきの罪に耐えかね気が狂い」というほうがよりよく納得できる。

最後に「では逆に月に着陸したことの証明はできないのか？」という疑問について

も書いておく。実はアポロが残していった反射鏡という物が月に存在する。これはレーザーにより地球と月の距離を正確に測定するための装置であり、現在でも地球から検証可能である。この月面にある反射鏡距測器《きょそくき》について調べなければならない。副島氏は次のようにも書いている。

「だから、もし、6回の月面着陸が実在するというのなら、その痕跡と残骸の機材が、今なら地球から精密な高性能の光学式望遠鏡ででも観察できるはずなのだ。月の裏側だから見えない、という理由も成り立たない。それらの残留機材がはっきりと望遠鏡で見えて証拠の精密写真がある、というのなら、私は、自分の疑いを全て撤回する」

　という中の部分的な証拠材料にこの反射鏡はなっている。だからこのへんのこともう少し調べなければならないだろう。

ジョー君どうもありがとう。続いて、私の意見に反発した、じろう君の投稿です。

## 「人類の月面着陸は無かったろう」論に納得のいかない理科系読者からの投稿

▼投稿者：会員番号2110　じろう　投稿日：2003／05／01(Thu)

「しかし、今回の副島先生の〈ぼやき〉だけは、いただけません」と掲示板で発言いたしました「じろう」です。掲示板では副島先生に以下のように窘《たしな》められてしまいました。

「私たちの会員なのに、2110番『じろう』君は、自分の脳の動揺が大きすぎたのでしょう。しっかり理科の基本に戻って、自分のこれまでの生き方そのものを点検して下さい」

率直に申しまして、わたしの動揺の内容はむしろ「こんなこと〈ぼやき〉「430」）を言い出す人を、私は尊敬していたのか！」ということでした。幻滅のような気分を味わいました。

先生がアメリカの政治経済の内側を、ロスチャイルド家vsロックフェラー家の対立軸で理解していく考え方には、私は目から鱗《うろこ》を何枚も落としながら慣れていました。

ですから仮に本当に「アポロ月面着陸が無かった」としても世の中の普通の人よりは

先生の主張を容易に受け入れられたと思います。幻滅は、結論ではなく、そこへ行きつくための過程に対するものです。

「アポロ月面着陸は無かった」の噂を、私はテレビ番組は見ておりませんが、インターネット上ではいくつか目にしておりました。しかし、お粗末な根拠に基づく都市伝説の類だと判断しておりました。ですから、副島先生があえてこの話題に関して〈ぼやき〉を書くと予告をされた時には、独自の裏情報か何かを根拠にした鮮やかな暴きをやってくれるものと期待しました。しかし、その根拠が、「(物理学素人の) 常識から見ても物理的に不可能である」という主張だったために、期待はずれの落胆が大きかったわけです。もし仮に結論だけは大きくみて正しかったとしても、あんな根拠付けからは、理科系の常識を覆《くつがえ》すどころか、失笑しか得られない。こんなことでは副島隆彦を周りの人に勧められない。

理科系は、大きな真実よりも、小さな矛盾《むじゅん》や間違いを重視する場合が多いので「気の弱い計算ロボットたちなのだ」という先生の指摘は良く当たっていると思います。でもそれは、ナチュラル・サイエンスという堅牢《けんろう》な楼閣《ろうかく》を形作る現場作業者には絶対必要として叩き込まれてできる性格で、仕方のないことです。当然ながら、大きな真実を大胆につかみ出すことと、繊細に矛盾と間違いを切り捨てていくことと、両方を合わせもつことが科学者として重要です。しかし、私のような科学者見習いは最低限、繊細でさえあればまず現場作業者として使えます。ですから、まずは繊細であるように訓練されるのです。私自身どちらの資質についても心もとなく、修行中の身ですが、両方の資質について副島先生の学問姿勢に見習うところ大と思っております。私はそう思っていたので、あの主張は先生の勇み足に過ぎなかったのだと解釈したいのですが……。

「これから3年ぐらいの時間をかけて、静かに結論に至りなさい。事を急いては駄目です」

という副島先生の勧めにも従い、今は結論は出さず保留します。撤回要求に固執するつもりもありません。ただ、3年後（？）の結論に至るまでのプロセスの一環として、ここ理科系掲示板で静かにじたばたしてみたいと思います。

もういちど私の立場を明確にしておきます。あれぽっちの根拠で、アポロ月面着陸の事実を否定しようと先生が主張されても、私はちっとも納得できそうにない。

副島隆彦です。じろう君が「あれっぽちの根拠では私はちっとも納得できそうにない」と書くので、それでは、次のような根拠を挙げてみます。

以下の引用文はＪＡＸＡ職員の的川泰宣《まとがわやすのり》氏（対外的には教授を名乗るらしい）の文である。彼はアポロ疑惑が日本国民の間に広がることを阻止することをＮＡＳＡから任命されて実質的に「噂《うわさ》打ち消し班」の責任者のような人だ。彼の著作『月をめざした二人の科学者』（中公新書、２０００年）は、アポロ計画について日本人によって書かれた公式的な本と呼んでもいいものである。

この本の中で、的川氏は、のちにアポロ１号と呼ばれるようになった月ロケットの搭乗員のガス・グリソム船長はじめ３人が、電気系統の事故で、着陸船のコックピットの中に閉じ込められたまま焼死したあたりの様子を、このように書いている。

---

リハーサルが始まり、通信回路が混乱し始め、（アポロ１号の発射の）リハーサルのやり直しが提案されたが、ホワイトハウスからの無言の圧力は、通信のトラブルを無視して強引に作業を進めさせた。

与圧された船室内に五時間以上もとどまった純粋酸素は、船内のあらゆるものにしみ込んでいった。ガス・グリソムのシートの下のどこかで剝き出しになったコードがこすられた。絶縁体が裂け、電流の流れている電線が露出した。そしてスパーク――「火事」――またたく間に小さな火花は巨大な炎となり、船室全体を包みこんだ。

---

だ！」エド・ホワイトの声に続いて、ガス・グリソムの太い声が聞こえてきた。——「コックピットが火事だ！」

アポロ宇宙船1号は、三人の飛行士を包みこんだまま、激しい炎に飲み込まれた。最後に訴えるような悲痛な叫び声。——「ここから出してくれ！」それ以後は、何やらわからない言葉や叫びが続き、そして静寂がやってきた。

（的川泰宣著『月をめざした二人の科学者』214頁から）

この事故は、1967年1月27日に起きた。この時焼死したバージル・〝ガス〟・グリソム船長は、アメリカの海軍パイロットで最も優秀な人物だった。トム・ウルフの小説『ザ・ライト・スタッフ』の中にも登場する人でアメリカの宇宙飛行士の代表的草分けである。

彼は1965年3月23日にジェミニ計画のジェミニ3号で、地球を3周することに成功した。この時の副操縦士がジョン・ヤングであり、彼は後に〝英雄〟となって上院議員にまでなった。

ガス・グリソムは、1961年7月21日に、マーキュリー計画で弾道飛行に成功した飛行士である。彼は最も優秀で勇敢な飛行士であった。そして計画的に焼き殺された。

的川氏の先の文章の中で、「アポロ宇宙船1号は、三人の飛行士を包みこんだまま、激しい炎に飲み込まれた。最後に訴えかけるような悲痛な叫び声。——『ここから出してくれ！』それ以後は、何やらわからない言葉や叫びが続き、そして静寂がやってきた」となっている。これが単なる事故であるか、私たちはよく考えなければならない。ガス・グリソム船長は、「人間が月にまで行けるわけがない」とこぼしていた。本書27頁でも、彼の奥さんが「アメリカ政府は真実を明らかにせよ」と訴えていることを書いた。ガス・グリソムらが焼死した、たったの2年後に、ニール・アームストロング船長とバズ・オルドリン飛行士が、月面に着陸しているのである。

そしてさらに、次のような奇怪な事故が起きている。このグリソムらの焼死事故を任務として調査していたNASAの安全検査士のトーマス・ドナルド・ベリーが、事故調査を終えて500頁の報告書《レポート》にまとめた。この報告書によると、「絶対に人類は月には行けない」という調査結果であった。その後彼が乗った自動車は事故を起こしてベリーは死亡している。このように計画的に犠牲者を出しながら、血ぬられたアポロ計画は進行していったのである。

## このNASA公開映像を本当に月だと思うのか

副島隆彦です。今日は、5月3日です。

私の書いた、〈ぼやき〉「430」「人類の月面着陸は無かったろう」論が、あちこちで波紋を広げています。まず、皆さん、以下のURL＝リンク先

**http://www.hq.nasa.gov/office/pao/History/04thann/video.htm**

「月探査情報ステーション」JAXA（宇宙航空研究開発機構）からこのURLへリンクが張ってある。この中の"I was strolling on the Moon one day"をクリックして下さい。**こんな、ふざけた映像（67頁参照）が、本当に、月の表面だと思う人がいたら、その人はキチガイだ。**これらの映像は、NASA自身が公開しているものです。

私は、いよいよ自分の主張と論述の正しさを強く確信している。私の書いていることに一点も間違いはない。

鼻歌で月面を歩く２人――この映像を見てもまだNASAを信じるのか。

私の言論の揚げ足取りをしないではいられない、人格の歪んだ者たちに私の真実指摘力の、爆撃力のすごさを、これからも何十度でもお見舞いして思い知らせてやる。

**アメリカ帝国の、最新鋭の高性能の大量人殺し・残酷殺傷爆弾（空気爆弾《エアボム》、デイジーカッター）の類よりも、私の真実を抉り出す「真実暴き言論爆弾」のほうが、ずっと、破壊力があるのだ。**私は無力感を払拭《ふっしょく》して、再び、Pen《ペン》 is《イズ》 mightier《マイティア》 than《ザン》 sword《スウォード》.「真実の言論は、スウォード即ち、剣や暴力的な政治権力よりも強い」の格言に戻ろうと思う。

ＮＡＳＡ（米航空宇宙局）が捏造してきたこの人類への大罪を、これまでに変人扱いされながらもひるむことなく公然と主張し苦心してきた人々に、心からの尊敬の気持ちを表明する。ネット上でこの事実を指摘してきた日本人では、航空評論家の西川渉《にしかわわたる》氏の長年のご苦労をねぎらいたいと思う。私は、迫害に耐えて、どんな立場かにかかわらず苦労して真実の火をともし続けた人びとだけを尊敬する。これが私の人生観だ。それから、『アポロは月に行ったのか？』（メアリー・ベネット、デヴィット・パーシー著、五十嵐友子訳、２００２年10月刊、雷韻出版）"Dark《ダーク》 Moon《ムーン》: Apollo《アポロ》 and《アンド》 the《ザ》 Whisle-Blowers《ホイッスル ブロウアーズ》, 1999 by Mary Bennett, David Percy" に対して深い敬意を表します。この本の原著作の著者にいつか会いに行きたい。私は雷韻出版社長山田一成氏との深い連携を表明する。

私の文章を読んで、自分の脳に激しい衝撃を受けて、それで、ぐらぐらと立ち直れなくなっている、副島隆彦への憎しみを持つ者たちよ。および、その周りのこれまで副島隆彦の本も読んだこともないくせに、「生意気そうだから、へこましてやれ」と、感じている程度の、不勉強な人間たちよ。この2種類の、卑劣な人間どもに、今回の、「月面着陸は有ったか、無かったか」問題で、その脳内に、激しい痛みをこれからじわじわと、感じさせてやる。真実から逃げられると思うな。

「あっかんべー。副島よ。漏《も》れ（注：インターネットの自由投稿サイトの2ちゃんねるの用語で「俺」の意味）は、真実なんかどうでもいいんだ。バイバイ。ワラタ（注：バカにして笑ったの意味）」とかなんとか、棄て台詞《ぜりふ》を残して、歪んだ性格のまま、激しく傷ついて消えてゆけ。あるいは頑強に、「まだ、アポロをNASAの捏造と言っている、副島。ワラタ。アメリカがそんなことするわけないジャン。多くのアメリカの宇宙科学者たちに失礼だろ」とか「馬脚《ばきゃく》を顕わした添《そ》え爺《じ》ー」とかなんとか、書き続けろよ。絶対にやめるなよ。どこまでも果てしなく、書き続けろよ。そのうち、お前たち自身が、真実露見と私の言論の前に、膝を屈して泣き出す日を私は楽しみにしているよ。

それとはちがって、半信半疑のままで、「まさか、そんな。そんなことってあるの」と思っている程度の者たちは、自分の信念がぐらついたら、その旨を正直に告白して私に書いてきなさい。

〈ぼやき〉「４３０」の続きは、上記のようなことを含めて、ネット上の情報を集めて、徹底的に続きをやる。私をあざ笑っている者たち自身に、自分自身への軽蔑感を叩き込んでやる。

会員番号２１１０「じろう」君は、私の「４３０」を読んで、私への軽蔑感や「副島隆彦をもう信じない」などと、あちこちに書いたようだが、今は、どうやら自分の間違いに気づいて、激しく脳内が動揺し始めたようだから、そのまま、「副島系・理科系掲示板」で、真面目な探究を続けなさい。自分の考えが変わった時には、正直に書いてきなさい。

ただし、「月には、実は、宇宙人がいたのだ」とか「着陸船は月面でＵＦＯと遭遇した」とかいうことを書いてくる、真性の妄想家と、それを故意に装って真実が日本国民に知れわたることを防御するための計画的な攪乱《かくらん》分子は、私は即座に見抜く。容赦《ようしゃ》せずに投稿文を削除する。その前に、こういうイヤがらせの投稿者に対しては、ＩＰ《アイピー》アドレスを追跡して発信元までたどる作業を行なう。私の弟子《でし》たちが監視作業を10人ぐらいでやっている。

弟子たちに言っておきますが、たとえ明らかにバカなやつの書き込みでも、情報源や貴重なＵＲＬ《ユーアールエル》（リンク先とも言う。各々のホームページの住所のこと）まで持ってくる、奇妙な投稿文については「削除文の保管場所」に移さずにそのまま残しておきなさい。さらし者にして閲覧者の教育用にします。

再度書くが、この「この月面を駆けてゆく2人の飛行士の映像」は一体、誰が撮影したのだ？　残りのひとりは月の軌道上の司令船にいる。この奇怪な映像を作成して、ネット上で公開したNASAよ。あるいは、その職員たちよ。君たち権力犯罪者が、自分の犯罪におびえて、しどろもどろになって、こういう無様《ぶざま》な反論のつもりの、白状まですることは驚きです。きっと、世界各国で同じような疑惑を呼び集めていることでしょう。NASAがこういう冷汗たらたらの偽造反論の解説サイトを作って、それで、役人（官僚）根性の故にかえってどんどん自ら墓穴を掘っているのでしょう。

この日本側の公式サイト（http://moon.nasda.go.jp/ja/popular/story03/index.html）はとぼけて、「月の雑学」とかを名乗り、「月探査情報ステーション」などと訳の分からない団体を名乗っているが、URLの中のnasda（日本の宇宙開発事業団。現在は統合されてJAXA《ジャクサ》、宇宙航空研究開発機構になった）そのものが公表しているサイトだ。後日、JAXA広報部を訪ねたら、中村雅人《なかむらまさと》広報部長が「広報部が主宰しているものです」とはっきりと責任主体を認めた。**アメリカの言いなりになる、奴隷のような日本側の受け皿人間たちが、こういう恥さらしなことをやっている。**哀れを通りこす惨《みじ》めさだ。日本の理科系の技術屋役人たちもここまでアメリカの下僕《げぼく》である。

この日本語版の原型の、元版の、英語のほうが、

the moon station
月探査情報ステーション
THE PORTAL OF LUNAR EXPLORATION
▲home
Discover 月を知ろう

全文検索　総合案内　サイトマップ

ホーム > 月を知ろう > 月の雑学 > 第3話 人類は月に行っていない!?

# 月の雑学

## 第3話 人類は月に行っていない!?

1969年7月、アポロ11号は月の「静かの海」に着陸しました。その後5回にわたって、宇宙飛行士たちが月に降り立ち、科学的な調査やサンプルの回収などを進めました。

…と、ここまでは皆さんが良くご存じのお話です。しかし、これに異を唱えている意見があるのです。

テレビ番組などで、「アポロは月に行っていない」「人類の月着陸はうそ」という話が広まっています。本当なのでしょうか？

ここでは、この話において「月に行っていない証拠」とされるものについて、検証してみたいと思います。

---

- アメリカ人の20%は、月着陸について疑いを持っている？
- アポロでの月面の足跡は、映画「カプリコン・ワン」に出てくるものとそっくり!
- アポロの写真には星が全然写っていない!
- ロケット噴射でできるはずのクレーターがない!
- 着陸船の回りに、噴射で吹き飛ばされるはずのちりが漂っている。
- 空気も、他の光源も月面にはないはずなのに、宇宙飛行士の影が完全に真っ黒になっていない!
- 宇宙飛行士や、月面の岩の影が平行になっていない。
- 背景が一緒の2枚の写真で、片方にしか着陸船が写っていない!
- 4km離れて、別々の日に撮影されたはずなのに、全く同じ場所が写っている!
- 着陸船は重心がずれてしまってうまく着陸できない
- 月面から離れる着陸船で、ロケットの炎が見えない!
- 宇宙飛行士の動きはスローモーションで撮影された？
- 月面の星条旗が旗めいている？
- なぜ全ての写真が完璧に撮影できているのか？
- 写真のいくつかで「十字」が欠けている!
- 宇宙は放射線がいっぱい。宇宙飛行士はとても耐えられない!
- NASAは秘密を知っている宇宙飛行士を殺害した!?
- 日本の衛星(セレーネ)が月に行けば、アポロの着陸船を見つけられるはず？
- 月面からの生中継の映像に、コーラ瓶が映っていた!?
- アポロの映像で、物体の落下するスピードが速すぎる
- 月面と背景の間に、境目がある写真がある
- 月面に「C」という文字が描かれた岩がある!
- まとめ

【J】


---

「月の雑学　第3話」は、「日本の衛星(セレーネ)が月に行けば、アポロの着陸船を見つけられるはず」「まとめ」を除き、Phil Plait氏によるサイト"Bad Astronomy"内にある、"Fox TV and the Apollo Moon Hoax"の内容をもとにしています。「月の雑学　第3話」を作るにあたり、翻訳及び内容の使用を快諾していただいたPhil Plait氏、及びサイトの内容をご紹介いただいた、MITの石橋和紀さんに感謝いたします。

なお、「月の雑学　第3話」の内容につきましては、Phil Plait氏は責任を持ちません。記述内容についてはあくまで、月探査情報ステーション主催者が責任を負うものとします。

---

<< 第2話 月の神様（外国編）

▲このページのトップへ

NASAの子分であるJAXAが作った言い訳サイト。
http://moon.nasda.go.jp/ja/popular/story03/

What's New?

# BAD ASTRONOMY



Bad Astronomy
Misconceptions
Movies
News
TV

Bitesize Astronomy

In Print

Mad Science

Fun Stuff

Book Store

Bad Astro Store

Bulletin Board

Site Info
Search the site
Who am I?
Contact me
Public Talks
Calendar/Events

Links

Search the Bad Astronomy Site!
Powered by Google
Search

RELATED SITES
Universe Today
APOD
The Nine Planets

## Fox TV and the Apollo Moon Hoax

(February 13, 2001)

On Thursday, February 15th 2001 (and replayed on March 19), the Fox TV network aired a program called ``Conspiracy Theory: Did We Land on the Moon?'', hosted by X-Files actor Mitch Pileggi. The program was an hour long, and featured interviews with a series of people who believe that NASA faked the Apollo Moon landings in the 1960s and 1970s. The biggest voice in this is Bill Kaysing, who claims to have all sorts of hoax evidence, including pictures taken by the astronauts, engineering details, discussions of physics and even some testimony by astronauts themselves. The program's conclusion was that the whole thing was faked in the Nevada desert (in Area 51, of course!). According to them, NASA did not have the technical capability of going to the Moon, but pressure due to the Cold War with the Soviet Union forced them to fake it.

Sound ridiculous? Of course it does! It *is*. So let me get this straight right from the start: this program is an hour long piece of junk.

From the *very first moment* to the very last, the program is loaded with bad thinking, ridiculous suppositions and utterly wrong science. I was able to get a copy of the show in advance, and although I was expecting it to be bad, I was still surprised and how awful it was. I took *four pages* of notes. I won't subject you to all of that here; it would take hours to write. I'll only go over some of the major points of the show, and explain briefly why they are wrong. In the near future, hopefully by the end of the summer, I will have a much more detailed series of pages taking on each of the points made by the Hoax Believers (whom I will call HBs).

So let's take a look at the ``evidence'' brought out by the show. To make this easier, below is a table with links to the specific arguments.

| | | |
|---|---|---|
| Disclaimer | 20% believe in the hoax? | The Capricorn 1 tie-in |
| No stars in pictures | No blast crater | Dust around the lander |
| Deep, dark shadows | Non-parallel shadows | Identical backgrounds |
| More identical backgrounds | Lander unable to balance itself | No flames from lunar launch |
| Astronauts footage shot in slow-motion | The waving flag | Why was every picture perfect? |
| Missing crosshairs in photos | The deadly radiation of space | Did NASA murder its astronauts? |
| CONCLUSION | LINKS | FALLOUT |

Check out my book "Bad Astronomy"

『月の雑学』はこのサイトから翻訳した。
http://www.badastronomy.com/bad/tv/foxapollo.html

Bad《バッド》 Astronomy《アストロノミー》 (http://www.badastronomy.com)だ。これは、このサイトは、フィル・プレイト Phil Plait という、実在するのかどうか分からない、ドイツ人のような名前の人物が作っていることになっている。NASA自身による「苦し紛れの言い訳《わけ》全集」と見ていいだろう。

この「月の雑学」サイトに、問題点のほぼ全てが網羅されている。皆さん、じっくりと読んでほしい。これはNASDA自身が作成した映像をたくさん使って作っている。言い逃れはできない。

犯罪者は、言い訳を過剰に饒舌《じょうぜつ》にするので、しゃべらなくていいことまでしゃべって、ボロを出す。あるいは、犯罪者は、大きな不安に駆られて犯罪の現場に立ち戻るという。そういうことだろう。ここまで、自分で自分の墓穴を掘るものなのだ。決定的な証拠はどうせ出ないだろう、だと。バカ。これだけでも十分だ。この月面を駆ける飛行士たちの映像だけで、真実が十分に露見している。

私に、「これで副島隆彦の文は信用できないことが証明された」「もう副島隆彦の本は読まない。全て捨てる」などと書いた、じろう君以下の者たちは、本当に自分の脳を疑いなさい。「じろう」というのは、私がかつて、〈ぼやき〉の中で、「何の用があって、毛利衛《もうりまもる》たちは、スペースシャトルに大金を払って乗せてもらったのだ。今後は、彼らのことを、テレビで一時期有名だった猿回しの猿の次郎にちなんで、〝宇宙猿次郎君〟と呼ぼう」と書いたことを、記憶していて、それで、「じろう」と名乗っていたのではないか。

**犯罪者の吐く言論は、その書き手自身が誰なのかを明らかにしない、という共通した特徴がある。後ろ暗さと、激しい罪の意識があるのだろう。**

それに対して真実を言う者は、たとえ軍事力や組織力、暴力や財力はなくても、毎日、やすらかに眠れる。大嘘つきと偽善の権力者とその手先と奴隷たちは、いつも自分の日々の悪業と犯した犯罪に苦しんで、それで安眠できない。哀れなものだ。私たちは貧乏で孤立していて、無力だが、こんな連中に絶対に屈服しない。言論の自由と真実を探究する学問の精神でどこまでも追撃してゆく。

次は、昨日、私個人宛てに来た読者からのそれなりの文章です。これを貼り付けます。

## 副島宛てのメール

---

▼To : GZE03120@nifty.ne.jp Saturday, May 03, 2003

Subject : ナスダの長すぎる言い訳

初めてメールいたします。まず、アポロは宇宙へ行ったに決まっているという人々

---

の根拠とNASDA（日本の宇宙開発事業団）のサイトの説明文から引用をします。これらは言い訳としても、大変おかしい。長い言い訳は大抵、怪しいです。

特におかしい2点について述べてみたいと思います。

NASDA「月探査情報ステーション」「月の雑学」http://moon.nasda.go.jp/ja/popular/story03/fast_fall.html　第3話から。

疑惑（を抱く人の立場から）：アポロ17号で、月面で2人の宇宙飛行士が活動している映像がある。この映像で、片方の宇宙飛行士の肩から物が落下するのだが、そのスピードが速すぎる。月は地球の6分の1の重力しかないはずだから、もっとゆっくり落ちなければおかしい。これは地球上で撮影されたという証拠である。

真実（はこうだ）：実際のフィルムをもとに検討してみることにしましょう。このフィルムで、宇宙飛行士の肩から物が落下する時間を測定してみました。映像を1フレームずつ印刷して、落下する時間を測定してみたところ、25フレームとなりました。テレビは、1秒間に30フレームというスピードで絵が移り変わっていきますので、これから計算すると、落下時間は約0・8秒となりました。

では、0・8秒で、物はどれほど落下するのでしょうか？　月は空気がありませんから、高校の物理で習う公式をそのままあてはめることができます。計算によると、月の重力の下では、0・8秒の間に物体が落下する距離は、約52センチメートルとなります。もちろん、月には空気がありませんから、落ちていく物体に抵抗が働くこともありません。

この数字がそのまま、落下する距離になります。では、地球の場合はどうでしょうか。同様に計算によると、この数字をそのまま6倍すればよいので、約3・1メートルとなります。

もう一度映像をみて見ますと、落ちていく物体は、宇宙飛行士の肩口から滑り落ちているように見えます。仮に、肩口までの高さを140センチメートルくらいとしますと、地球の重力で計算した場合、落下する距離は長過ぎることになります。つまり、地球の重力の下で撮影されたとしても、やっぱり不自然なのです。これは何を意味しているのでしょうか？

さてもう一度映像を見てみましょう。肩口から物体が落下する直前、宇宙飛行士は後ろを振り返っています。振り返った直後、肩口から物体が「勢いよく」落ちています。そう。物体は落下する時「初速」がついていたのです。落ちる直前に初速、もうちょっと平たくいえば勢いがついていれば、速く落ちるのも当たり前です。さらにいえば、初速がどのくらいかがわからない以上、その加速が地球上の重力で説明できるのかどうかもわからない、ということになります。ですから、この映像が「地球上で撮影された」とも断定はできなくなります。

実際には、フィルムが本当に1秒30フレームというテレビの標準スピードで撮影されていたかどうかについても、調べなければなりません。そのためには、アポロで使っていたカメラや、ビデオとしてダビングされる過程などについても調査が必要でしょう。

この言い訳は、素人が読んでもおかしいと分かります。普通の地球上でも、肩口から物が落ちる時に初速というか勢いがつくでしょうか。たとえば、手に持ったボールから手を離した時と、肩に乗せたボールが落ちるのとで、そんなに速さの違いが2倍ほどもあるでしょうか。ほとんど変わらないというのは、われわれは経験で知っています。それを、肩を回したから初速がついた、などというのは、おかしいです。

それから、もう一点は、歌を歌いながら、2人の宇宙飛行士が、月の砂漠を駆けていく映像です。何度も見てみました。速度の点、それから、月の引力の点から考えて、全然、人が浮かないのが変です。小学校の頃から、理科で習ったことですが、月に行ったら6倍も飛んで歩ける、というのがありました。このことが全然、実証されていないこの映像は全くナンなんでしょう。あの鼻歌すら「俺たちは、あほな芝居をしているのさ」と聞こえてきます。

ナスダ（宇宙開発事業団）の「疑惑と真実」という言い訳を全部読んで思ったのは、人は嘘をつく時、やたらに言葉が多くなる、ということでした。

## 副島隆彦の返信――大嘘つきの大詐欺師たちは、もがき苦しむ

副島隆彦です。メールをありがとうございます。私の「人類の月面着陸は無かったろう」論〈ぼやき〉「430」への肯定的なご意見をありがとうございます。

やはり、まず、みんなで、このサイトの**NASA肯定側の「言い訳たらたら」の、すごい詭弁《きべん》と恥の上塗《うわぬ》りである「真実の反論」**というのを、しばらく時間をかけて、読んで考えましょう。

私もこのサイトの説明文を初めて読みました。ずっと逐一《ちくいち》、丁寧《ていねい》に読んで、私は、やはり私が、〈ぼやき〉の「430」で書いたことは、全て正しいと確信しました。アメリカ

政府は、やはりこれほどの人類史そのものの捏造にも似た見苦しいことをやっていたのです。

大嘘つきの大詐欺師どもは恥を知るべきだ。そして、もがき苦しむがいい。さらに、それを、日本側の受け皿となって、アメリカ政府の下僕となって、諾々《だくだく》とアメリカに従う「月面着陸は有ったに決まっている。アメリカ政府や科学者たちがそんな捏造なんかするはずがない派」(NASA肯定派)の人たちこそは、内心で動揺して、脳がズキズキして軋《きし》む音がするだろうなあ、と、私は笑いながら同情しています。

2人の着陸飛行士が歌を歌いながら、おまんじゅうのような形をした〝月の丘〟のほうへ駆けてゆく映像シーンでは、「あーあ、もう、これは、漫才を通り越したな。1969年の時点でのハリウッドの特撮技術そのものだ」と感じました。**「これほどの、大犯罪を犯したのだから、もう彼らは救われない」**と、私なりの有罪判決を下しました。

このビデオ動画の画像を見て、それで自分の顔が歪《ゆが》まない人がいたら、会って話してみたいものだ。これが月の表面だと言われて今信じる人がいたら相当におめでたい人である。

**いったんついた嘘や犯罪を、覆《おお》い隠し続けるために、さらに次々と犯罪に手を染める。こういう地獄に、アメリカ政府の一部であるNASAは、やっぱり、こうして自ら嵌《はま》っていたのだ。**私は、怒りを通り越して彼らに強い哀れさを感じる。「副島隆彦は、ついに、アポロ計画は無かったと陰謀論に手を染めて、狂ってしまった。これで、信者たちが脱落するだろう」と、私の言論に憎しみを抱いている者たち自身が、受けている脳内の衝撃のほうを、私は、今、静かに測定している。彼らは、自滅だな。黒川新一君以下の私のネット・ストーカーたちとそれから、「アポロ疑惑の噂打ち消し班」の特殊な人々だ。

そのうち、彼らは、口元が、アワアワして全身が震えてワナワナと、地面に崩れ落ちるだろう。「副島隆彦は狂っている。デムパ（注：2ちゃんねる用語で電波のこと）だ。こんな信用のおけないことを書くやつだ」と、もっともっと書きなさい。そうしたら、いくら、匿名、仮名の卑怯者のストーカーの生来のひねくれ者たちであっても、自分自身が書いた、この時々の文章をあとあと目の前に見せられれば、泣き出すだろう。

その日が来るまで、私は、ずっと匿名、仮名で私に妨害メールを送りつけてくる者たちの昆虫採集の標本作りを続ける。真実を語るということがどんなに恐いことかを、アメリカ・グローバリストの手先をやっている卑屈な奴隷人間たちにグイグイと教える。

私が書くことに、やっぱりまだ半信半疑であろう私の多くの読者たちも、このままほっておきます。じっくり時間をかけて考えてください。「或ることが分かる」ということには時間がかかる。そして、それには個人差がある。個人の能力にはひとりずつ大きな差がある。

**ＮＡＳＡ肯定派（人類月面着陸有った派）は、「アメリカがそんな嘘をついたり、ひどいことをするはずがない」「そのことにソ連が気づかないはずがない」と言う。彼ら体制順応派、妄信的な体制従順人間特有の悲しい、生まれながらの奴隷根性がある。**

ここを、思想的に切開するのが、次の私の大きな仕事だ。これらも追々やる。最後にあなたは私たちの学問道場を「もっと高級なクラブにして、優れた人たちだけの会にしたらいい」と提言されますが、その考えには、私は反対だ。私はいつも国民大衆の居るところ、一般庶民のいるところで辻説法をしていたい。比叡山《ひえいざん》の腐敗に絶望して山を降りた頃の親《しん》鸞上人《らんしょうにん》や日蓮上人《にちれんしょうにん》のようでありたい。どんな苦難にも負けない自分自身の精神修養をやっています。長くためらわれた後、貴女が私どもの学問道場へのご入会の決断をしたことに、改めまして感謝申し上げます。

副島隆彦拝

第二章

# ＮＡＳＡ肯定派はこの４つの疑問に答えるべきだ

## NASA肯定派の異常な反応の裏に世界規模の「権力犯罪」のカラクリが……

副島隆彦です。今日は、2003年5月28日です。

私はやっぱり、私が1カ月前に投げかけた議論の波紋である、「人類の月面着陸は無かったろう」論の続きを書かないわけにはゆかなくなった。私は激しく怒ったままだ。私は一歩も退かない。NASA肯定派（アメリカべったり派、盲信的属国隷従《ぞっこくれいじゅう》派、月面着陸肯定派）の人たちの、私の主張への激しい妨害活動は各所で今も続いている。

どうして、これほどの激しい中傷と非難を、私たちのサイトが浴びなければならないのか、私はまだその全体概要を測りかねている。実におかしな動きが随所に見られる。私、副島隆彦が、ここの〈ぼやき〉の「430」番で開始した「人類の月面着陸は無かったろう」論をなんとしても押し潰《つぶ》して、無化させ雲散霧消《うんさんむしょう》させようとする異常な力《ちから》が掛かっていることを私は肌で感じる。

NASA肯定派（人類の月面着陸は当然有ったに決まっている派）の人たちは、全員覆面をかぶっている。表立ってきちんと名乗って、私の前に出てくることをしない。奇怪な人々である。かなりの裏のある人々であることが容易に推測できる。

そんなに「人類の月面着陸は当然有ったに決まっている。疑義を唱える人間は妄想《もうそう》人間だ」というのなら、穏《おだ》やかに笑って余裕たっぷりに、私のような人間の書くことなど相手にせずに遠くから眺めて微笑《ほほえ》んでおればいいではないか。どうしてそのように、感情も露《あら》わに、ブルブル震えるように激しい中傷と非難をインターネット上の各所で私に加えるのか。それが今もって私には解《げ》せない。

「人類の月面着陸は有った派」（NASA肯定派、そんな大捏造《ねつぞう》などできるはずがない派）は、何をそんなに怯《おび》えているのか。「人類の月面着陸は無かっただろう」は、これまでに日本でも少数の識者によって細々と唱えられてきたことを承継して、副島隆彦が新たに火に薪《まき》をくべることになったようだ。これ以上、日本国民の一般大衆の間にＮＡＳＡへの懐疑が広がることが、そんなに恐怖し驚愕《きょうがく》しなければいけないことなのか。

私はこの問題は徹底的にやる。そのように堅く決めた。ここには何か世界規模での大きな「権力犯罪」のカラクリがある。それを今後も追及し暴き続けることにする。

## 「アポロは月に行ったか」ではなく「人類の月面着陸の有無」という呼び方に私はこだわる

ところで私は、本書の冒頭を含めて「アポロは月へ行ったか?」とか、「アポロ問題」という言葉を始めから慎重に構えて一度も使っていない。アポロ計画は確かにあったのであり、月にロケットを何機かは発射しているのである。だから「アポロは月に行っている」のである。しかし、それは無人のロケットであり、かつ、それらは月の周回《しゅうかい》軌道に乗ることにさえ失敗して月面に激突しているはずである。だから私は、あくまで「人類の月面着陸は無かったろう」という言い方しかしない。今後も、ずっと一貫してこのように書き続ける。

アポロ11号から17号までのうち、何機かは、確実に「アポロ計画」に従って、月に向かって発射されている。アポロ8号のように、月の軌道にわずかに乗ったらしいものもある。それ以外のアポロは、発射すらされていないものがほとんどだ。そして、突然、アポロ11号から17号までが、いわゆる「月面への着陸に成功して、1回につき2人の飛行士が月面で活動した。それは数時間から3日間の間である。アポロ13号を除き計6回、連続で成功した」ということになっている。しかし本当は、**有人（manned《マンド》人を乗せた）ではなくて、無人の探査機をなんとか月の周回軌道に乗せようと努力して、月を周回させて、再びそこから離脱をして、〝8の字形〟で地球まで帰そうとした。しかし、それらの企《くわだ》ては失敗して、ほとんどは、月面に激しく衝突させてしまっただろう。月面への軟着陸どころの騒ぎではない。真実はそのずっと手前だ。**

その後のサーベイヤー号その他のアメリカの月無人探査機の運命を調べてみてもよく分かる。月探査機クレメンタイン号は、1994年1月25日打ち上げで、その次のルナ・プロスペクターは1998年1月6日の打ち上げだ。これらは、つい近年のものである。これらは月を周回する軌道に乗って、かなりの低空（20〜30キロメートルぐらいだろう）から月面を写している。だから月面は全て精密に撮影されているのだ。数センチ四方のものまで解像されているはずだ。だが、それらは一切公表されない。日本の「ひてん」と「はごろも」というのも1990年1月24日に打ち上げられている。こっちのほうも精密月面写真を公表しない。この事実は行政訴訟や情報公開法の対象となるだろう。これらの探査機は月面を撮影したあとは、地球に戻ることもなく、宇宙に向かって飛び去っていったのである。地球まで戻して軟着陸させることさえ今でもできないのだ。だから、**月面には、アポロ15号や17号という名の無人探査機が激突した残骸《ざんがい》が今も残っているはずである。そ**

のことが、これからの5年間で判明するだろう。もうそろそろ隠し通すことができなくなりつつある。中国（長征F2号という大型打ち上げロケットを提供するらしい）とヨーロッパ宇宙庁 European Space Agency が協力して2003年9月28日に打ち上げた月面探査機「スマート1号」は、2005年2月に月に接近する。この合成開口レーダーで、**それらの月面に激突した残骸がはっきりと撮影されるだろう。**あるいは、日本が打ち上げる予定の月面探査機「セレーネ」号によって、月面高度数十キロメートルの高度から、月面を、それこそ綿密に徹底的に直径5センチメートルぐらいの物体まで正確に撮影されるだろう。しかし、この日本の「セレーネ」は、きっとアメリカ政府の圧力がかかって、次々と発射延期命令が出て、ずるずると先に延ばされるだろう。しかしそれでも、NASA肯定派の皆さん、あと5年以内に判明するのである。

だから、私は、「アポロは月へ行ったか？」とか「アポロ計画への疑問」とかいうような不正確な言葉使いは始めからしていない。アポロ計画は、1961年のケネディ演説から1972年12月の突然の中止発表まで実際にあったし、アポロ○号という名の宇宙ロケットは、何機か実在する。それらは無人であり、そして、月面に激しくドカーン（という音がしたはずはないのだが。月面は真空《バキューム》だから）と激突しているはずだ。その写真（映像）が撮られれば、それで全ては決着がつく。

だから、私は今後も、ずっと「アポロは月に行ったか？」とは書かずに、はっきりと「人類の月面着陸は有ったのか、無かったのか」と書く。これを短く言えば、「人類月面着陸の有無」という言葉になる。だが、これではどうも耳に聞き慣れないだろうか。やはり「アポロは月に……」や「アポロ疑惑」と言うほうが分かりやすいだろうか。いや。やっぱり私は、以後「人類月面着陸問題」と呼び続けることにする。あるいは、もっと短く「月面問題」と呼ぶことにする。

私、副島隆彦のこの件に関する用語の統一に従ってくれる人は、今後は、このように「人類月面着陸問題」と呼ぶようにして下さい。そのほうが、敵たちを追い詰めるのに最適だからです。人類（アメリカの宇宙飛行士たち astronauts《アストロノート》）が、12人も連続6回とも大成功で、１９６９年の7月から１９７２年の12月までの短期間に月面で飛んだり跳《は》ねたりしている。アポロ14号では、「月面での弾性実験」とか称してアラン・シェパード船長がゴルフ・ボールをゴルフクラブでポーンと打って見せたりもした。「お。スライスしてしまった」と答えたそうだ。月面には大気がない、真空だからスライスなんかするはずがない。冗談にも程がある。さらには、本当に月面走行車（サンド・バギー風ＬＲＶ《エルアールヴィ》、Lunar Roving Vehicle《ルナロービングビークル》）を月面探検と称して数十キロメートルも走り回らせたりしたんだろうな？　本当でしょうね？　ＮＡＳＡの正式記録にそう書いている。ＮＡＳＡ肯定派の人たちは、今のうちから覚悟を決めておきなさいよ。

それにしても、これほどまでに躍起《やっき》になって、「いや、現在のあらゆる光学式望遠鏡をもってしても、月面のアポロ11号の残した設備類は、解像度や分解能が不足するので、写すことはできないのです。ハッブル宇宙望遠鏡でも写せないのです」などと、おかしな、笑い出したくなるような、泣き言をそんなに力を込めて私に向かって書いて寄こすな。なあ、NASDA《ナスダ》（現JAXA《ジャクサ》、宇宙航空研究開発機構）のサイトの、言い訳たらたらの、奇怪な「アポロ問題の疑惑に答える」を書いている日本人宇宙研究学者の皆さんよ。

**そんなに、自分たちの親分のNASAにそこまで肩入れして、人類の歴史の大偽造の隠《いん》蔽《ぺい》工作への加担で、忠誠を尽くさなければならないものですか？** まさしく、私が唱導してきた「属国・日本論」の自然科学者版《ナチュラル・サイエンティスト・バージョン》そのものだ。

私は、今、おそらくNASDAの覆面職員たちであり、月面着陸への疑惑の「噂《うわさ》打ち消し要員」と見られる数人の人々に向かってこうして通信している。皆さんは半官半民の公務員ですから、大きな権力犯罪に加担すると、そのうち自分自身の責任問題が出てきますよ。追跡して証拠が出てきたら行政訴訟の対象になりますよ、と今のうちから申し上げておく。

今日は、まだ「人類の月面着陸は無かったろう」論の続きは書かない。そうではなくて今日は、あくまで、その前哨戦《スカーミッシュ》として、「言論の自由に含まれるものとしての、匿名、仮名での誹謗《ひぼう》中傷や、反論は有効か。卑劣ではないのか」ということを私は書いておく。

私は、すでにこの4週間で、たくさんの勉強をした。黙っていても、私たちのサイトや、それから「2ちゃんねる」という名の中傷誹謗サイトに、どんどん情報が集まってきた。投稿者は、自分の名や所属を名乗らない「名無しのごんべえ」がほとんどだ。「副島隆彦は、高校の物理学を習得するほどの理解力もなく、こんな知識もないのか」と教えてくれた人たちがインターネットにどんどん私への非難攻撃のつもりで知識と情報を貼りつけてくれた。これらのURL《ユーアールエル》（リンク先）をたどっていって、私がそのページを開いて次々と読むことで、「ほう、そういうことだったのか」と私は、きわめて短期間に実に多くの知識と事実を習得した。

私は、2003年4月30日に、〈ぼやき〉「430」で「人類の月面着陸は無かったろう」論を書き始めた時には、例のNASDAの「月探査情報ステーション」というサイトの『月の雑学』の中の「人類は月に行っていない!?」という質疑応答のコーナーの存在さえ知らなかった。

2002年の4月までに、3回やったという、テレビ朝日の『これマジ!?』という「人類月面着陸問題」を扱った番組の存在さえ知らなかった。巻末に「ふろく」として一覧表にしてみた。この番組の司会は、コント2人組の爆笑問題《ばくしょうもんだい》であった。その直後、この人気番組は、不可解な圧力を受けて打ち切りになっている。人気があって視聴率もよく評判にもなっていたというのに。この『これマジ!?』を見た、日本国民の間に、激しい噂が波紋となって全国に広がって、それが今も続いている。私は日頃、ニュース番組以外の日本のテレビ番組などほとんど見ないから知っているはずがない。

## 「月の丘」を鼻歌まじりでスキップする宇宙飛行士——なんとも無残な大嘘つきの所業

私は、ここで再度、自分の〈ぼやき〉の主要主張部分を以下に引用する。やはりこれが、一番重要だからだ。

「私の書いた、〈ぼやき〉『430』の『人類の月面着陸は無かったろう』論が、あちこちで波紋を広げています。まず、皆さん、以下のサイトの画面の画像URL(66頁参照)をクリックして下さい。こんな、ふざけた映像が、本当に、月の表面だと思う人がいたら、その人はキチガイだ。これらの映像は、NASA自身が公開しているものです。

私は、いよいよ自分の主張と論述の正しさを強く確信している。私の書いていることに一点も間違いはない」

月面の砂漠？　ネバダ州のスタジオ内の砂漠？　を鼻歌を歌いながら2人の飛行士が、向こうの〝月の丘〞に向かって駆けてゆく、何をしに？　月面到着して嬉《うれ》しいから？　この2人しか着陸していないのに。一体、誰がこの映像を撮ったのだ。

だから彼らが地上に据え付けたカメラで？　だと？　この映像を皆さんは何度も見て下さい。何十度でも見て下さい。これが今から32年前の１９７２年（アポロ17号）に、月面で撮られた映像だ、ということを、今、信じろと言われて信じる人がいるだろうか。

ＮＡＳＡと、その日本の子分であるＮＡＳＤＡ《ナスダ》（実に気色の悪い変な名前だ、と私は、ずっと思っていた。宇宙開発事業団。現ＪＡＸＡ《ジャクサ》）が、「月探査情報ステーション」という名のホームページ（ウェブサイト）で今でもリンクを張り、公表し続けている映像だ。世界中で湧き起こっている、疑惑の指摘に対して、我慢し切れずに反論に出たのがこのサイトである。

このサイトの読者、会員の皆さんは、どうか上記の文の中のＵＲＬを、本当に本当に自分でクリックして開いて、そしてそこに見える画像である“I was strolling on the Moon one day”の上をクリックして下さい。動画が始まるはずですから、その動画を凝視して下さい。これが、月面だと、ＮＡＳＡとその日本の忠実な子分のＮＡＳＤＡは言うのであまじまじと見て下さい。何十度でも見て下さい。この映像の中で、アポロ17号の船長と飛行士（それから、月面の軌道上の司令船にいるはずの3人目か、あるいは地球の司令センターにいる人物も加わってか？　この人がフランク・ボーマンだろう）が「月の丘」に向かって楽しそうに駆けてゆく。この時に歌う歌の、その無残さをみんなで凝視しよう。NASAは、アメリカ帝国は、そして人類は、こんな無残なことまで平気でやったのだ。2人は次のように、陽気に歌っている。

I was strolling on the moon, one day
アイ　ワズ　ストローリング　オン　ザ　ムーン　ワン　ディ
In the merry, merry month of December
イン　ザ　メリー　メリー　マンス　オブ　デセンバー
…(no) May, … May When then much to my surprise,
ノー　メイ　メイ　ホエン　ゼン　マッチ　トゥー　マイ　サープライズ
a terror to the ayes tootle?
ア　テラー　トゥー　ジ　アイズ　タトル
tootoo, tootle? tootoo
トゥートゥー　トゥートル　トゥートゥー
my that's a mean
マイ　ザッツ　ア　ミーン
way to travel isn't it, Frank?
ウェイ　トゥー　トラベル　イズンイツ　フランク
tanta ran tantan, tantarantantan,
タンタ　ラン　タンタン　タンタランタンタン
tanta ran tantan
タンタ　ラン　タンタン

I《アイ》 like《ライク》 to《トゥー》 skip《スキップ》 along《アロング》 Not《ノット》 me《ミー》, boy《ボーイ》… skip《スキップ》 ……

以上である。私は、この1カ月の間に、この動画を何十度も見たので、この歌を覚えてしまった。民話の「マザーグース」の中の詩だと思う。全く無残としか言いようがない。当時の手強い競争相手だった**ソビエトのロケット開発陣を騙して、宇宙開発競争でアメリカが勝つには、こういう大嘘つきの所業までしなければならなかったのか。**

ここでついでにこの月面での宇宙飛行士（本当は、地上の録音スタジオだろ？）たちが歌っている英文の鼻歌の日本語訳を書いておく。

〈副島隆彦による日本語訳〉
私はある日、月の上をほっつき歩いていた。
気候のよい12月のある日のことだった。いや5月だったかもしれない。
ところがその時、驚いた。
私はぞっとするような光景に出くわした。
（キツネがニワトリを丸かじりしていた）
うん。そうだ。苦労の多い仕事だな。

そうだよなフランク・ボーマン。
タンタ　ラン　タンタン、タンタランタンタン
タンタ　ラン　ラン　タンタン
私はスキップをするのが好きなんだ。
俺はちがうよ。お前らとはちがうんだ。
俺はスキップしなくても（月面でほら、こうやって）飛び跳ねることができるんだ。

この世紀の大映像（40秒間ぐらい続く）を見て下さい。まじまじと見て下さい。これを本当に月の表面だと思う人がいたらキチガイだ、と、副島隆彦は再々度、はっきりと言う。私は、今後、この一点を主要な疑問点として突いて突いて突きまくる。逃げられると思うな。このNASA自身が公表している映像は重要な証拠だ。アポロ17号の宇宙飛行士（ユージン・サーナン船長、地質学者で後に上院議員にまでなりそして賄賂《わいろ》嫌疑で失脚したハリソン・シュミットという変な人物の2人）だということになっている。それで、この2人しかいないはずの月面で、一体、誰が、この映像を撮ったのだ？　ということが、私たちのサイトでも、5月の初めに議論の焦点のひとつになった。
NASA肯定派は、嫌々ながら渋々と、「（地球のアメリカのテキサス州の）ヒューストト

ン（のロケット打ち上げ基地の管制室）からの遠隔操作《えんかくそうさ》でやったのだ。当時だってできたのだ」と言うしかなかった。だから、うろたえながらもそのように言いだした。そして、それで自分たちの頭がおかしくなった。おかしくなってブルブル震え出して、それで話題（議論の中心）を必死に他に移そうとして足掻《あが》き始めた。電波が届くのに1・2秒かかるという。往復で3秒弱だ。

地球と月の間の38万キロメートルというのは大変な距離である。その間を電波で送って、フィルムなのか初期のビデオなのか知らないが、それで撮影、録画したのだそうだ。しかも、首振り、自動焦点付きのズーム機能付きの据え付けカメラだったそうだ。首振り、ズーム機能付きの高性能のビデオ撮影機が本当に今から32年前に開発されていた、と信じることができるか。それを地球の司令室からの遠隔操作で、撮影技士も誰もいないのに、自動焦点装置も発明されていなかったのに、本当にあんなにキレイに撮影できたと信じることができるか？　すでに当時、ソニーがＶＴＲ（アメリカではＶＣＲ《ヴィシーアール》と言う）の祖型的な物を開発していたそうだが。あなたたちは自分たちが主張していることが、どれぐらいおかしなことか、少しは恥じる気持ちはないのか。

私に向かって異常とも呼べる、いわゆる「粘着質の」投稿を掲示板に執拗《しつよう》に繰り返した、「ブレドンバター」君という、アメリカのテキサスから発信している、どう考えても、アメリカ・グローバリストの手先の月面問題監視要員の人物も、この問題になると、ついに触れようとはしない。私に向かって勝手に「さよなら」宣言をしていなくなってしまった。相当に自分自身の脳に打撃を受けたのだろう。

　私の立論（「人類の月面着陸は無かったろう」論）を支持してくれる側に立った、ジョー君や、横山君や、PBS《ピービーエス》君たちの理科系の人たちから、すでに私はあれこれの細かい科学知識や数字をたくさん手に入れた。やがて立場を反転させると思われるじろう君ら理科系のここの会員たちも、どんどん真実の数字や資料や、新しい疑義を提出してくれている。書き込み（投稿文）は今もどんどん続いている。それらの数値や資料や理論は、全て私の脳（頭、思考力）の中に少しずつ収まっている。

**「ケプラーの法則などの理科系の勉強の基礎の、高校の物理の知識さえもない副島」と言って、私をけなして悦《えつ》に入っているような暇があなたたちにあるのか。自分たち自身の脳の中の割れるようなひび割れを一体どうする気だ。**この先、あなたたちのそういう「アポロは月に行ったんだ。行ったんだ。絶対に行ったんだ……」という必死の叫びは、どういうことになるのだ？　かわいそうに。

　私、副島隆彦は、〈ぼやき〉で、「あなたたち、理科系人間の少年時代の、〝科学（宇宙）少年〟以来のアメリカ科学に洗脳された脳に、真実のヒビを遠隔操作で入れてやる」と書いた。私はこのまま突き進む。もっともっとたくさんいろいろのことをこれからも書く。私が、このたった1カ月の間にどれほどの大量のことを知ったか。それをどんどん書いていく。

そして、それを一冊の本にして出版する。他に、目先に抱えている数冊の本があるが、それらと同時並行で書き上げて世に出すことに決めた。そうすることが、私に向かって襲いかかって異様な誹謗中傷をしてきた者たちへの最大の反撃になるからだ。私が、今こうして書いていることも、ほとんど実況中継で——これが本当の遠距離同時進行の「アポロ撮影を地球からやったように」なんだろ？　ちがうのか？——書いて本にする。

私たちの「学問道場」のことを、「副島カルト集団の、教祖（グル）の副島の……」だの、「信者の皆さんはさっさと逃げましょう……」だの、と言い続けている者たち自身が、何らかのグローバリスト（Globalist アメリカの力で世界を管理、支配し続けようとする人々）の洗脳信仰の信者なのではないか。自分自身が宗教に罹《かか》っていることを薄々、自覚したのではないのか。それでブルブル、ガクガクと全身の震《ふる》えが止まらないのだ。私のほうには、一切の信仰や宗教はない。ただ真実を見極めたい、という気持ちだけだ。

「世界中の何千人もの宇宙科学者が集まって成し遂げたことを疑うなんて信じられない」とか、「70万人の人間が関わっているNASAの計画が捏造であるはずがない」とか、「もしアポロ計画が捏造だったら当時、ソビエト・ロシアが気づかないはずがない」ということを最大の根拠にして、これらのことを繰り返し、私の「人類の月面着陸は無かったろう」論への反論の理由にしている。今ではこの3点しか私への反論根拠にできなくなっている。

この人たちはアメリカが大好きで、「日本はしっかりとアメリカについてゆくべきだ。それが日本の繁栄が続く唯一の道だ」と考えているのだから、あれほどソビエトを嫌って、疑っていたはずの人々なのに、どうしてこういう場面になると、とたんに、「あのソビエトが気づかなかったはずがない」などと、奇妙な理由づけをして、これを主要な反論理由にするのか。私には理解困難である。

自分たち、自由主義陣営の、自由の国の、先進科学技術国の、日本の立派な理科系技術者の自分たち自身が、ちっともアポロの大捏造に気づいていないで、まんまとアメリカの罠《わな》にはまって長年騙されてきたくせに、それを「ソビエトが気づかないはずがない」などと言う。頑迷な共産主義《コミュニズム》イデオロギーに侵されて官僚統制と非効率の極みにあったソビエトの人間たちを、急にこの場で持ち上げるのはおかしいからやめなさい。不様《ぶざま》な居直りにしか聞こえない。反論にも何にもなっていない。

## ガラガラ崩れるNASA側の反論――恥を知りなさい見苦しい「名無しのごんべえ」たち

例の、もうひとつの「人類の月面着陸は有った」論の強力な論拠だったものに、「レーザー反射鏡が月面に確かに在る。だからアポロは月に着陸したのだ」という牽強付会《けんきょうふかい》の説もやがて崩れた。**旧ソ連のルナ21号が、無人探査機ルノホート2号で反射鏡を月面に置いてきた**のだ、という事実を私が指摘した途端に、「私は、気象学を専攻しており、月面の反射鏡を距測《きょそく》（距離測定）に実際に使っています。副島隆彦という人は、有名な作家だというが、本当に気は確かですか」と書いていた人は、その後、ぱったりと書かなくなった。月の一体どこに置かれているレーザー反射鏡なのか、そしてそれはいつアメリカが月面激突ロケットを使って激突寸前に月面に放り投げたものであるかを、自分自身で詳しく知っているものだから、だからとたんに黙りこくってしまった。

月の石（あるいは岩、Lunar《ルナ》 Rocks《ロックス》）と呼ばれる物も、本当に月から持ち帰ってきた物なのかという疑問について、論文上の根拠も、詳しい成分表示表も出ていないことがはっきりしてきた。奇妙な英文論文だけは何百本もズラズラと公表されているが。さあ、人類月面着陸肯定派の皆さん。月の石についての真正《しんせい》の成分表示のある論文を出してもらいましょうか。その英文論文をどこかに貼りつけて下さい。私がじっくり読みますので。東京・上野にある日本の国立科学博物館にも、今でも展示されて異様に厳重に防護してある黒くてキラキラするあの小さな石の破片が、本当に「月から持ち返って、日本では3人の東大教授たちに、有り難くＮＡＳＡから与えられた石」なのか。それとも隕石《いんせき》なのか。あるいは地球の深いところで採取された特殊な石から水分を完全に抜き取っただけのものではないのか。そのうち徹底的にその石を磨《す》り潰して分析すれば分かることだ。

どうやらこの月の岩は、「外側から磁気分析をするなど以外は、直接、調べてはならない」という妙な誓約書付きで、ＮＡＳＡから日本側に下げ渡された物体だったようだ。いわく因縁《いんねん》付きの石である。およそ自然科学者《ナチュラル・サイエンティスト》（私、副島隆彦は、「科学者」という言葉は嫌いなのだが、仕方なく時々使う）らしからぬ、神秘的で奇怪な態度である。

その他に、**日本の清水建設がかつて月の石をＮＡＳＡの委託で分析する研究をやった。そして「月面にある岩の中には酸素があることが分かった。この岩の中に含まれる酸素から水を作って、それでセメントを月面で作れる」という研究発表をした。ところが、この清水建設の「月面でのセメント製造研究」は途中からどこかからおかしな圧力がかかって、その後の研究は闇に葬られたらしい。**〝月の石〟については168頁でまとめて説明する。

おそらくまともな宇宙科学者（Astro-physicist《アストロフィジシスト》、天体物理学者）やら、地球物理学者やら、ロケット工学者たちだったら、アポロ計画が慌ただしく血相を変えて1972年の12月に終了、後続機の打ち上げ打ち切りになった直後ぐらいに、「おかしいですなあ」と気づいたはずなのだ。気がつかなければ、まともな自然科学者ではない。本当に優秀な人間だとは認定されない。それをみんなで覆い隠したか、政府間の高度の取り決めで隠滅《いんめつ》することになったのだろう。……そして、32年後の今にいたる。それでも本当に宇宙物理学（就中《なかんずく》、惑星学《わくせいがく》というのが月面研究の専門家だそうだ）の専門家である日本人たち何人かがうめき声をあげながら学界を静かに去っていったことだろう。彼らはついに一言も声をあげなかった。日米の両国政府ににらまれて、沈黙させられたのだ。かわいそうなことをしたものだ。

私はすでにたくさんのことをこの1カ月の間に知ってしまった。もう私を黙らせることはできない。世界各国で広がる噂話と同じく日本国内でも一般国民（庶民層）ほど、このことを囁《ささや》き合っている。しかし現代アメリカ政治思想研究を専門にする私に向かって、堂々と名乗りを挙げて、「お前は馬鹿だ」と言ってくれる人がいればいいのに。「人類の月面着陸は無かったようだ」と誰も言い出さないものだから、真実探究を志す人間たちの結集軸ができないままなのだ。だから日本では、図《はか》らずも私がその役割を果たすことになった。望むところである。まさに今のところは、「敵は幾万《いくまん》ありとても」である。私の弟子たち以外では、ほとんど孤立無援である。

以下の文章を書いたのは、NASDA《ナスダ》（宇宙開発事業団）の職員か何かである日本人だと推測できる。その理由は、NASDA自身が公開している前述した「月探査情報ステーション」というサイトの中の『月の雑学』というページの中の、「疑惑」の中の回答の「公式見解」とほぼ同じものがズラズラと書かれているからである。点検したら細部に至るまで見事なまでに一致していた。

「2ちゃんねる」の「経済板」の中の、「副島隆彦について語るスレ（ッド）PART5」から引用する。

---

▼751：金持ち名無しさん、貧乏名無しさん：03／05／25　23：10

〈ぼやき〉「430」への総ツッコミを書いていた者です。……つ、疲れたぁ。なんか自分でやっていてちょっぴり空しくなるぞ。まぁ自分の勉強にもなるから良いんだけどさ。

えーと、貼り付け開始します。なるべく副島氏の文の「明らかな」間違いの指摘に絞りましたが、実のところ私自身も相当なヘタレ（関西弁で根性なしの意味　引用者

註）なので、私の指摘自体が間違っていたりしましたらご指摘をお願いします。

×（誤り）その映像は、地球に送られてきて、NASA（米航空宇宙局）の受信センターで解像されて……

○（正解）アポロからのライブ映像を中継したのは、オーストラリアのパークス電波天文台である。

×その着陸船という小型の宇宙船には、燃料ブースターも見当たらない……

○引力が小さい月面上では小さな着陸船を離昇させるのにはブースター・ロケットを必要としない。着陸船上昇段に内蔵されている燃料タンク（重量2639キログラム）で十分である。

×1969年という一昔前には、まだトランジスタしかなくて、半導体のチップはなかったはずだ。

○テキサス・インスツルメンツ社が世界初の集積回路を発表したのは1959年。1966年には、ICを使用した電卓が市販されている。

×何百キロメートルとかを正確に飛ばすとなると、ものすごい技術が必要となる。

○第二次大戦中にドイツが使用したV2ロケットは射程300キロを誇り、イギリス本土を目指した1120基の内、1050発が実際にイギリス本土に到達している。

×「着陸船を月から打ち上げるのは大変なことのはずだ、と言っていた」とその人は言った。
○ 着陸船を月面から打ち上げる技術は、地球上のミサイルの誘導技術とは、ほとんど関係がない。
× 実際の月面着陸は紙の上での物理学者の計算で済むことではない……
○ 宇宙空間での物体の挙動は、地球の大気のような複雑な要素が少なく、きわめてシンプルなニュートン物理学に支配される。
× さらに巨大なブースターに積んだロケット燃料を、次々に切り離しながら飛んで行くのだ。それを何十万キロメートルも飛ばさなければならない。
○ 第1段ロケットと第2段は打ち上げから10分以内、第3段も約3時間後に切り離されてしまうので、この表現はやや正確さに欠ける。

副島隆彦です。この文を書いた人間が、ただの落書き愉快犯のひねくれ者ではないことは、すぐに判別がつく。他の多くのネット若者たちの下品なだけの投稿文とは自ずと異なる。こういう人物は、特別の任務をおびて、職業として、こういうもっともらしい反論を私の主張に向かって書いてきている。人類月面着陸への疑いを抱いている、多く日本国民の中に広がっている噂《うわさ》を打ち消すために、特別に任命されている人々だ。

この手の秀才人間が、私がじっと観察して判断している限りで最低3人いる。この3人の文は、本書72頁に掲示してある『月の雑学』ウェブサイトのNASA＝NASDAの公式見解とぴたりと一致している。どうして、「金持ち名無しさん、貧乏名無しさん」などという、昨今の中傷文の定型の仮名で、そんなに偉そうなことをとうとうと書けるのか。恥を知りなさい。

自分が人間として恥ずべきことをやっているのだという、良心の痛みを感じないのか。幼い頃から勉強秀才で、その後大学で天体物理学や地球物理学や、ロケット工学などを修めて、それなりに真面目な人間であるという自覚はあるのだろうに。

「〈ぼやき〉『430』への総ツッコミを書いていた者です。……っ、疲れたぁ。なんか自分でやっていてちょっぴり空しくなるぞ」

そうですか。やっぱりこういう特殊任務をアメリカのNASAから間接的に命じられてやっていると「自分でやっていてちょっぴり空しくなり」ましたか。日本国内アポロ疑惑の噂打ち消し特別班も大変だ。

私が自分の主宰する「学問道場」サイトで書いた文章に対して、このように逐一、執拗に大量に反論してきているのだから、もはや他人同士ということはないでしょう。名乗りをあげて出てきて、私と、膝詰めで話し合って、私の質問に次々に答えてそして、この自然学問（ナチュラル・サイエンス）無学の副島隆彦を説得したらどうですか。いつでも歓迎します。私は、膝詰めで専門家たちからこの「人類月面着陸問題」で徹底的に説得されたいのです。どうか名乗り出てきて下さい。

## 日本国民の99・99％を騙せても、この副島隆彦だけは騙されない

私が書いている「人類の月面着陸は無かったろう」論のどこがどのようにおかしいのかを、私が納得のいくように説明してほしい。**私は、何度でも書くとおり、「大きな枠組みの中の真実、諸事実しか信じない」**のです。それ以外のことには興味がない。

私は「副島カルト教団」を作る気もなければ、「信者たち」を騙《だま》して、「副島隆彦の宗教」で洗脳して誑《たぶら》かすつもりも全くない。**私は、一生涯、検証された事実しか信じない。より総合的に観察されて、疑義や異論をさしはさむ余地のない理論や思想しか信じない。より確からしいことしか信じない。**

相手が、何千人もの宇宙科学者たちだろうが、誰だろうが、私はそんなことは一切構わ

ない。**私は、明確な事実しか信じない。私には、一切の宗教や信仰はない。**だから副島カルト教団というのもない。

私は、自分がこれまでに信じ込んでいた理論や思想がのちに誤りであったり、大きな迷妄であることがはっきりしたら、その場で、「そうだ、そのとおりだ」とはっきり思考変更（思想の転換）をしてそのことを正直に書いて、その理由も細かく書いて、そして日付を付けて公表する。それまでの愚かな理論や思想を信じていた自分を明確に批判して、全ての事態を明らかにして、そのあとでより優れた理論や思想のほうに自分の立場を移行させて、より発展させる。このことに何の躊躇《ためらい》もない。

私はこれまでの長い間に各種の政治思想やイデオロギーの海の中を、30年間もがき苦しんで泳ぎ回ってきた人間だ。だからもう、あんまり、バカな考えには騙されない。たとえ日本人の99・99パーセントを騙し続けるほどの権力者による国民洗脳管理でも、私は騙されない。「この副島隆彦だけは騙されないからな。私の眼力を甘くみるな」という言葉を、これまでに、ここのサイトでも何十度か書いてきたはずだ。

ですから、再度この「公職としての月面着陸疑惑の噂打ち消し人間」氏たちに言っておきます。堂々と、名前を名乗って出てきなさい。私、副島隆彦と公然と議論して遣《や》り合おうではないですか。見苦しい匿名、仮名、偽名の名無しの権兵衛《ごんべえ》をやって、ワンワンと物量作戦で、副島隆彦の言論を騒がしさの海の中に埋没させて、人々（日本の国民大衆）から遠ざけようとしても無駄だ。私の深い決意を、君たち程度では打ち破ることはできない。

## この4つの疑問に答えなさい

私がこれから、この「人類の月面着陸は無かったろう」論を立ててゆく時の態度を、きわめて簡潔で分かりやすいものにしようと思っている。そしてこの学問道場に書いてきた内容のとおりの分かりやすい一冊の本にする。その主要内容は、端的に以下の4つの主張にまとめるだろう。

1つ目は、前述した「月面（ということになっている。NASAがネバダ州の砂漠のスタジオで撮影したものとロンドンのシェパートン・スタジオでスタンリー・キューブリック監督が撮影したものの両方からなる）で飛行士たちが飛び跳ねているあの映像」である。**あの月の丘（向こうに見えるなだらかな2つの山）の景色が、どれも全部同じだ。6回それぞれ別の場所に降り立ったことになっているのに、このことをどう説明するのだ。**

私たちの会員の中から、「**どうして、月面の飛行士は、自分の周囲をぐるりと写さないのだ**（カメラをパンPanning《パニング》しないのだ）」という素朴な疑問が出てきた。するとしばらくしてNASA肯定派が、「360度グルリと回転させた映像がある」と言って、仮名で送りつけてきた、NASAが公開している、実に気持ちの悪い映像がある。遠くのほうで2人の飛行士が何かやっている。着陸船まで写っている。このURL（http://www.hq.nasa.gov/office/pao/History/alsj/a15/images15.html#Pans）はゾッとするようなフィルムだ。これで本当に月の表面の〝砂漠〟の上だ、と言い張るつもりか。

そもそもである。1969年7月20日のアポロ11号のニール・アームストロング船長の、**「人類史に残る重要な月面第一歩」の瞬間そのものを、どうして、どうやって船長の背後から、着陸船ごと写すことができたというのだ。**

私は、この件をワシントンDC《ディーシー》のアメリカ人の友人に多少ふざけながら電話で聞いてみた。すると、私の友人は、真顔で、「それはだね。着陸船からマシーン・アーム machine arm が伸びて、その先にカメラが仕掛けてあって、ニールの背後から写せるようになっていたんだよ。……そうか。そう言えば確かに変だなあ。そんなことできるわけないよな？？？」と、彼は自問自答を始めた。

アメリカ国民こそは、われわれ日本人よりも、もっと強烈に、この〝アメリカ科学信仰〟（つまりサイエントロジーだ）を長いこと信じ込まされて、信じ続け、近代学問（モダン・サイエンス）という名の〝科学信仰〟の域にまで達している国民（帝国臣民《サブジェクト》）である。アメリカ人ほど、自分たちが大学で習う各種のサイエンスやヒューマニティーズ（人《じん》文《ぶん》教養）の固定したおかしな科学信仰に凝り固まっている。ユダヤ＝キリスト教 Judeo-《ジュデイオ》Christianity《クリスチャニティ》 が今のネオコン思想 Neo-Conservatives やエバンジェリスト・キリスト教原理主義 Evangelists の思想的な源流である。「自分たちは正しい」という〝アメリカ科学信仰〟がこれほどに蔓延《まんえん》するのもこういう、アメリカ国民洗脳教育が徹底して行なわれているからだ。だから日本のような**属国群よりも帝国内部のほうが、深いところで10倍は腐敗と堕落と迷妄が大きい。**この私の長年の推論が、今回の「人類の月面着陸の捏造問題」で証明されそうである。**アメリカは、グローバリストたちによって汚染（polluted　ポルーテッド）された国である。思想洗脳の放射能を一番、大量に浴びているのはアメリカ国民自身である。**

## さあ、もう一度月へ行ってこい

もうひとつ（2つ目）は、もう一度、月に行ってこいである。

「あれから35年もたったのだから、もう一度月に、行ってきなさいよ。簡単なことだろ？」である。「もう一度、月面着陸をやってみせてくれ」という私からの要求である。

そうすると、それに対して「行く理由がないのです」とか「月の資源の調査はあの時に終わりました」とか、「費用がものすごくかかる（２５０億ドル、約3兆円！）のです」というような、おかしな「もう行かなくてもいい理論」を、私への反論者たちは必死で言い募《つの》った。これも実におかしな態度である。

**自然科学者たるものが、「その実験はもうやらなくてよい。やらなくていいよ。そこには近寄るな。危ないよ」というような領域を作っていいのか。**どうして私に向かって次のように言わないのか。「ああ。どんどん、何回でも月に行ってみせるよ。簡単なことだよ。副島よ。ほんとにバカなやつだなあ。ほら、こうやって月には行けるんだよ。かつて6回も行ったんだから」「月面に残して来たＬＲＶ《エルアールヴィ》（月面走行車）の写真やその他の残留機材（着陸船の下部とか）などもたくさん撮って見せてやるよ。困ったやつだなあ」と言えばいいではないか。どうして言えないのだ。言え！　バカ者どもめが。**何にそんなに怯《おび》えているのだ。何がそんなに恐《こわ》いのだ。**

さらに奇妙なことに、「月探査の資金がない。月面の資源調査は終わったのだ。全て目的を達成したから。だから行く必要はない」と強がりを言う割には、月面基地計画というのが、いまだに堂々と残っている。現在の宇宙ステーション（ＩＳＳ）計画の次には、当然のように月面基地の建設という計画が公表されたまま、撤回もされずに35年間も棚《たな》ざらしになっている。日本のＪＡＸＡ《ジャクサ》（宇宙航空研究開発機構）までが、その下請けのような月面基地計画（水谷仁《みずたにひとし》宇宙機構職員。対外的には教授も名乗る）を公表している。1996年から始まった「ルナA」月探査機打ち上げ計画と、前述した月周回衛星「セレーネ」計画だ。この月開発計画がまだＮＡＳＡにもあるようだし、2004年1月14日に、ブッシュ大統領が発表した。この計画をさっさとやって見せてくれ。ＮＡＳＤＡのサイトの中にもご丁寧にイラストの絵入りで、月面基地が載せてある。いつやるのだ？

**あれから35年間、一体、何をやっていたのか？　不思議だ。と、世界中の一般民衆から素朴な疑問が湧き起こるのがＮＡＳＡ肯定派には一番応《こた》えるはずだ。**

さあ何か答えてもらおう。ＮＡＳＡの忠犬ポチ公を日本人としてやっている人たちよ。なぜか異常な情熱を込めて、私、副島隆彦に向かってあれこれ言わないと気が済まない特殊な人間たちの存在はもう十分に分かった。宇宙研究の専門科学者内での常識の振りをした「噂打ち消し要員たちの間での申し合わせ済みの共通公式見解」などいくら読まされても、ちっとも説得力がない。

すでに学問道場サイトの読み手たちから十分に嘲笑《ちょうしょう》されている。Ｋ君のような君らの「お味方」たちといっしょになって「反副島《アンチ》」で勝手に盛り上がればいい。君たちの惨《みじ》めさと、職業人としての哀《あわ》れさが私にはよく伝わってくる。「ああ、こんなことを書いてしまった」というようなつぶやきとも自嘲とも思える書き方に、そのことが実によく看《み》て取れる。こんな仕事をするために少年時代からあこがれて、『ニュートン』誌や『科学と教育』誌を読んで、そして宇宙科学者を志したわけではないだろうに。アメリカ帝国の属国・日本の哀れな奴隷研究者たちよ。

私のストーカーをやっている、精神病院を出たり入ったりしていたし、今もおそらく出入りしているだろうＫ君（このことは、彼自身のサイトで彼自身が書いて残している。副島隆彦記）と並んで、一生懸命、副島隆彦への悪口を、ずっと飽きることなく書き続ければいいのだ。そんなもので、この副島隆彦がへこたれると思うか。日本の言論界、各学問業界でいくつもの闘いを闘い抜いてきた私のこれまでの実績がこう言わせるのである。

## 月面の残骸をさっさと写せ

それから（３つ目）、さっさと月面を細かく写しなさい。

写せないわけがない、ということを私はこれからも徹底的に力説し続ける。**ハッブル宇宙望遠鏡で写しているはずの大量の月面の、無人で月面に打ち込んだアポロ各号の残骸の精緻な写真を公表せよ。35年間もたっているのに、まだ「軍事機密だから発表できない」**

**などと言うのか。**

私が、この間、調べて分かったことは、驚くべきことに**月面を着地点から撮った写真は1枚もない。**サーベイヤーなどのアメリカの無人の月面探査機で撮った、月のはるか上空から写した写真しかいまだにないのだ。1枚もない。出てこない。おかしな話だ。**月面にいたはずの宇宙飛行士たちが写して持って帰ったはずの、等身大の高さからたくさん撮ったはずの写真が1枚も出ない。「だから、あの大量の動画のフィルムの映像があるではないか」だと。バカ言え。**

**あれらは、スタンリー・キューブリック監督の映写チームがNASAの極秘委託を受けて、イギリスのロンドンのシェパートン・スタジオ（MGM社）で1969年に撮ったものだ。これにネバダ州の「エリア51」でNASAの撮影チームが撮ったものも合わせて公表してきたのだ。当時最高の特撮映像《スペシャル・イフェクト》だ。**スタンリー・キューブリックが『2001年宇宙の旅』を作って公表したのが、1968年で、「アポロ11号」を撮ったのは、実にその翌年の1969年である。あ、そうか。だから、キューブリックの死の間際の彼の最後の作品『アイズ　ワイド　シャット』"Eyes Wide Shut"（1999年）には、あんなにも陰影の深い、秘密の儀式や、アナグラム《暗号》のような言葉がたくさん飛び散らかっていたのだ。なるほどキューブリックは真実を暗号で私たちに訴えながら死んでいったのだ。なるほど謎が読めてきたぞ。キューブリックは、自分がいつ殺されるか分からないと感じて、以後一度も飛行機に乗らなかった。死ぬまでほとんどイギリスで暮らした。

私は、たったの1枚でも、月面の人間の等身大からの本物の写真が出てきたら、私の主張である「人類の月面着陸は無かったろう」論の負けだな、と思っていた。ところが全く出てこない。たったの1枚も！

たった1枚だけ「月から写した地球」というのがある。ＮＡＳＡが公表しているものだ。月面から**地球がぽっかりと光って、曲がった月面の地平線に浮かんでいる例の写真である。この「月から写した地球」は、合成写真であることが、写真技術に詳しい人たちの間では判明している。立花隆《たちばなたかし》という、ＣＩＡ《シーアイエイ》（米中央情報局）のエイジェントであることがほぼはっきりしつつある〝知の巨人〟で文藝春秋専属評論家の『宇宙からの帰還』（１９８３年、中央公論社刊）の巻頭にもこの写真が載せてある。**これだけがある。これだけしか他に「月から見た地球」の写真は見あたらないのである。実に無残な話だ。

いや、本当は1枚（連続で8枚？）だけ、本当に月の表面から写した写真というのがある。私が信じている、これは紛れもなく月の表面からの角度で撮った、本物の月の表面だ、と思われる写真をここに載せる。これは旧ソビエトの「ルナ9号」が、自らは軟着陸に失敗して大破しながらも瞬間的に撮って地球に送った写真である。この電波をイギリスのジヨドレルバンク電波天文台が、傍受して（横取り、泥棒）解析して、解像してソビエト当局よりもいち早く世界に公表したという例の有名な写真である。119頁の写真のことだろう。

これが間違いなく本物の「月面から写した写真」だろう。この粗《あら》い粒子から成る、写りの悪い写真には、直径が10メートルもありそうな大きな岩がゴロゴロと積み重なった、溶岩台地のような景色が写っている。一体、どこに、「静かの海」というような、真っ平らでさらさらとした、まるで、「地球のどこかの砂漠のような」美しい「月の砂漠」があるというのだ。月には水も空気もないはずなのに、どうやってああいうふうに、風化《ふうか》と侵食が進んで、「まるで地球の砂漠のように美しい」月の表面がある、などと簡単に信じられるのだ。

最近は、やたらと、アメリカが「月の極冠（南極）には氷があることが見つかった」というような奇怪な発表をするようになった。理由は分からない。世界中に広がっている月面着陸疑惑を打ち消すための攪乱《かくらん》情報だろう。

この旧ソ連の初期の無人の月面探査機である「ルナ9号」は「軟着陸に一応、成功した」ことになっている。しかし、どうもそれは実情としては、ドターン（当然、音は聞こえない）と月面に転がり倒れたのだろう。その寸前に転がり出たカメラで、なんとか8枚

NASAは立花隆を宣伝係にして日本国民を騙した。

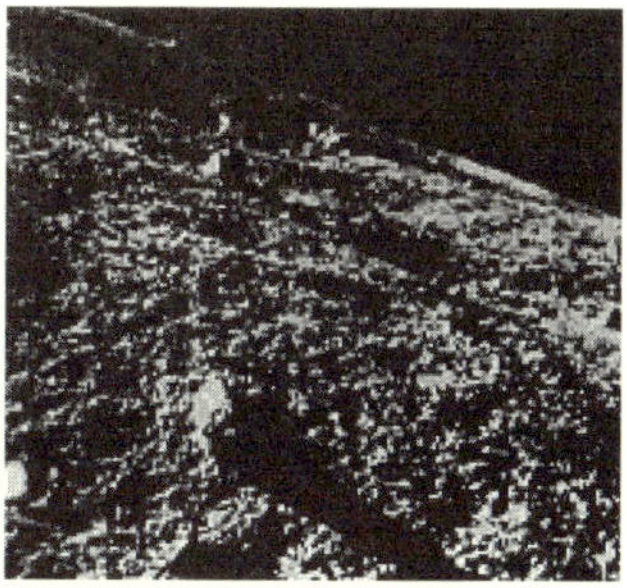

左はルナ９号が送った写真。右はジョドレルバンク電波天文台が発表したもの。
これだけが本物の月面映像だろう。

だけ瞬間的に写して地球に写真を送った。「実にけなげで、おりこうさん」の月ロケットだったのだ。

その後のソ連のルナ・ロケットの各号の打ち上げ、月面探査の報告書には、私がネット上で調べただけでも嘘が多い。その「嘘つき」の一覧表（月ロケット・探査機の歴史年表）を巻末に載せる。私が推測で書いて作成したこの表は公表されている資料や文献などよりも真実だろう。たとえば、「月にまつわる歴史年表」によると、1967年11月10日に、アメリカの月面探査機サーベイヤー6号が月に軟着陸している（ホントか？）。そして「月面からジャンプを試みた」と書いてあった。この「ジャンプを試みた」という表現に、さすがに私は笑ってしまった。猫か何かの小動物が別の台に飛び移ろうとしてためらったり、跳躍前に自分の体を揺り動かしているような光景が想像できる。

サーベイヤー6号は次のような活動をしたことになっている。『中央の入江』という場所に軟着陸（ドカーンだろ？）した。その後、ジャンプを試みる。「姿勢制御ロケットをふかして3メートル飛びあがり、2・5メートル移動した」が、これでおしまい。つまりジャンプはできなかったのだ。

このあとの月面ロケットたちもほとんどが、月面着陸に失敗して激突している。注目に値するのは、ソビエトの「ゾンド5号」と「ゾンド6号」である。

ゾンド5号（1968年9月14日打ち上げ）は、月を周回した後、地球に戻りインド洋で回収されたことになっている。

このゾンド5号には亀《かめ》と昆虫と植物とバクテリアなどを積んでいたそうだ。そして2カ月後のゾンド6号も月面軟着陸成功、撮影ののち再発射して、1968年11月17日に「地球の大気圏に再突入しソ連領内に着陸成功した」となっている。ここからソビエトの大嘘つきも始まった。以後、月面からの「サンプル・リターン」と称して、3回嘘をついている。月面のサンプルを持ち帰ったと報告しているルナ16号、ルナ20号、ルナ24号は嘘である。ルナ24号でソビエトは「一連の月面探査プログラム終了」（1976年8月22日）と発表している。

ルナ21号の場合は、積んでいた月面走行車「ルノホート2号」（840キログラム）で4カ月間、月面を走行して、のべ37キロメートル走ったそうだ。テレビカメラで月面画像も送ってきたということになっている。1973年1月から4月のことである。アメリカのアポロ11号の成功の前後からソビエトも狂ったように嘘をつき始めた。それなら、その月面からのテレビ映像というのを31年後の今、ロシア政府は公表すべきなのだ。私たちは、一体、その月面の映像というのを本当に見せられたことがあるだろうか。

アメリカの月ロケットでおそらく正しい報告は、「月面衝突した」と報告しているルナ・オービター1号から5号だろう。1967年頃のことだ。この2年後に突如、アポロ11号が有人で月面着陸に成功している。一体、誰がこんな話を信じることができるだろうか。もっと本当のことを書くと、ソビエトの月ロケット開発の現場で、前述したゾンド5号か6号（1968年に打ち上げ）の際に、大爆発事故があって数千人のロケット技術者が死んだらしい。らしいとしか今なお書けないのである。この時に、ソビエトは「月に人間を送ることはとても無理である。できない」と、はっきりと決定したらしい。だから月面からの再発射など、とうていできない。2004年の今やってもできないのだ。人類にはそれだけの技術がない。月面への軟着陸 soft landing《ソフトランディング》というのもできないのだから、再発射もできない。スペースシャトルでの地球表面へのソフトランディング（滑空着陸）でさえ今でも失敗を重ねているではないか。

だから、私への反論の一部としてある、**「ソビエトも月の石を持ち帰っている」というのも全て嘘である。ソビエト時代に実在したという「ロシアの有人月面探査機計画」を知らせているウェブサイトはロシア政府が作っているものではない。全てアメリカのCIAか、NASAが眩惑《めくらまし》のために作っているサイトだ。**「Red Moon Shot《レッドムーンショット》」とかいうサイトだ。前述48頁で、ロシアの宇宙飛行士が正直に証言していたとおり「私たちは人間が月に行けるとは思っていなかった」のである。

**軟着陸もそうだが、月からのロケットの再発射の難しさを考えてみるがよい。月面は真空だから空気抵抗がない。抵抗がないのに、どうしてロケットの噴射力だけで推進できるのか。**一体、本当にそんなことができると思っているのか。願望（「理論的には可能」という言葉を理科系の人は多用する）と現実をごちゃまぜにしているのである。文科系に元々いい加減な人間たちが多いのとはちがって、理科系の人間たちは、数学を駆使して緻密な各種の技術や観測（分析）機を使って、自分の立てた予測や仮説がうまくいくまで、それこそ何百回も実験を繰り返す。この果てしなく繰り返される実験《エクスペリメント》の難しさを死ぬほど知っている人たちのはずなのだ。どれほど多くの実験と観察《オブザベーション》の失敗をひとりずつが経験してきたことか。それなのに、「月は、重力が地球の6分の1だから月面からのロケット発射は比較的容易にできるのです」などと、正気の沙汰《さた》で言えることなのか。

月面にいたことになっているアポロ計画の飛行士たちのあの映像の中の光源（光の当たり方）や、影の写り方の奇怪さや、それから旗が風で揺れているなどのあれこれについては今さら私には言う言葉もない。

「アポロ捏造の疑惑」の話を、誰よりも早く始めたのは世界中のプロの写真家《フォトグラファー》たちなのである。人類の月面着陸を正面から疑う目的で書かれた勇気のある本である“Dark《ダーク》 Moon《ムーン》: Apollo《アポロ》 and《アンド》 the《ザ》 Whistle《ホイッスル》-Blowers《ブロウワーズ》, 1999”（邦訳『アポロは月に行ったのか？』、雷韻出版刊、２００２年10月）の著者たちも写真家である。日本人の写真家たちは、「被写体《ひしゃたい》（あるいは被写界《ひしゃかい》）深度《しんど》」などの観点を持ち出して、純粋に技術面から、アポロの飛行士たちのおかしな映像に疑問をぶつけている。

それから、テレビ・プロデューサーのバート・シブレル Bart Sibrel（http://www.moonmovie.com/）という人がアメリカで今一番、果敢に闘っている。彼は Apollo《アポロ》 Hoaxer《ホウクサー》（アポロ計画の疑惑の捏造を主張する人間たち。この言葉には人類月面着陸のＮＡＳＡによる捏造そのものを告発している人間たちという正しい意味も含まれている）と悪口を言われている。私は、このＮＡＳＡから一番恐れられているバート・シブレル氏と連絡を取り合っている。

## 月への軟着陸はまだできない

私の主張点の残りのひとつ即ち、４つ目は、再度前述したことに含まれる、**月面へのロケットの軟着陸《ソフト・ランディング》の困難性**である。

現在の最先端のロケット技術《テクノロジー》をもってしても、惑星を軌道周回するときの速度から減速してロケットを垂直着陸させることはできない。月の地表からの高度１００キロメートルぐらいの軌道上から、時速7000キロメートル（秒速2キロメートル、マッハ6ぐらい）の超猛スピードで落下してゆく着陸船に、横方向からの慣性減速を与えて姿勢制御する装置は今も開発されていない。だいいち月は真空だから摩擦、つまり空気抵抗がないのでどうやって減速していいか分からないのである。

私たちは、普通ロケットの（軟）着陸というと、たて型の棒状のロケットが逆噴射をしながら、少しずつ噴射口からの推進エネルギーを落としながら静かに着陸するものだと勝手に思い込んでいる。しかし、あれはアニメの「鉄腕アトム」の世界のことであって現実にはできない。固定翼（ヘリコプターのような回転翼ではない）系の飛行体で垂直離着陸ができるのはイギリスが開発したハリアー戦闘機だが、これは逆方向噴射だけでなく水平方向にも激しく噴射させながら、姿勢を保ちつつ洋上の空母に着艦する。

2004年1月3日に、火星に軟着陸した火星探査機スピリット号は「時速1万9000キロメートルの速度で火星の大気圏に突入して、着陸直前にロケットの逆噴射とパラシュートで急減速して、エアバッグ方式で着陸した」となっている。本当にこんなことができるのか、私は疑っている。

2003年2月1日に、スペースシャトル・コロンビア号が地球に帰還途中に爆発燃上した。あの時、コロンビアは、地表から100キロメートルぐらいの高度から、大気圏突入 reentry《リエントリー》 into《イントウー》 the《ジ》 atmosphere《アトモスフィア》 を開始して、そのあと地表62キロメートルのところで爆発している。落下速度は、時速2万2000キロメートルぐらいの猛スピード（マッハ18、秒速6キロメートル）である。スペースシャトルは全身、火だるまになりながら、降りてくるのである。いや地球に落ちてくるのである。だから全体をおおっているゼリー状の温度冷却物質をとかしながら船体の温度が上がることを防ぎながら落下してくるのである。この今でもなお困難な軟着陸のことを、私たちが少しでもまじめに考えるならば、「宇宙旅行」というのがどれぐらい困難なことであるか、分かりそうなものである。人類が今の爆発力推進型のロケット燃料しか持たず、「爆発力」によるエネルギーしか使えない状態ではどうにもならないのだ。第2宇宙速度で進めるような理想のエネルギーを手に入れることは当分無理である。

　1961年4月12日のソビエトのガガーリン（ヴォストーク1号）が人類初の地球周回をやって地上に帰ってくる時にどうしたか。ガガーリンは、帰還船が地上に激突する寸前の地表10キロメートルぐらいのところで船外にパラシュートで脱出しているのである。最近の中国の地球周回ロケット（有人飛行成功）も、同じように瞬間的に空気中に放り出される形でパラシュートで脱出しただろう。今の今でもこんなものなのである。だから、ロケットの軟着陸というのは、無理なのである。寝言のような夢物語を私たちは信じるわけにはゆかないのだ。そして、さらには、その**月面の着陸地点からの再発射という、軟着陸よりもさらに何倍も困難である仕事の不可能性**である。そして、さらには、再発射した着陸船をそれを**月の上空の軌道上で司令船とドッキングさせることの大変さ**だ。まさに至難の業である。着陸船が司令船に近寄ってきたら、無重量状態だからロープでひっかけて引っぱるしかないという。ほんの少し間違った力でもかけたら、ピューと向こうに飛んでいってしまうだろう。そしてそれからまた、今度は来た道を戻ってゆくのである。「できない、できない、と言うな。副島。人間、努力すればどんなことでもできるようになるのだ」と、ここでアポロ計画の成功を信じる月面着陸肯定派の人たちは、私に向かって苛《いら》立って言い返すだろう。その怒った顔に向かって、私は、それでも言う。「発射台も司令塔もないのに、どうやって再発射できたのですか」と。

月面からの再発射なんてとても無理な話なのだ、と私は、静かに繰り返し言う。

私が、「人類の月面着陸は無かったろう」論で中心的に主張するのは以上の4つである。私は、この4点で最後まで攻めまくる。徹底的に攻めて攻めて攻めまくる。この4つの主要論点をはぐらかして、他《ほか》に逃げて、それで、自分たちが宇宙科学の専門家のふりをして、私を非専門家として揶揄《やゆ》して、観客（この論争への注目者たち）を煙に捲《ま》こうとしても無駄である。私は絶対に論点をはぐらかされたり、ぼやけさせることを許さない。この副島隆彦と論争を構《かま》えたことの恐ろしさをやがて彼らは身をもって知るだろう。

第三章

# 焦りだしたＮＡＳＡとその手先たち

## 私はプロの思想戦闘員である

副島隆彦です。今日は、2003年5月4日、午前4時です。

私は、相当に怒っている。私が書いた〈ぼやき〉「４３０」が、やはりこれほどの大問題だったとは、私自身が気づかなかった。私の「人類の月面着陸は無かったろう」論での事実指摘は、アメリカの日本管理対策班 Japan《ジャパン》 handlers《ハンドラーズ》 の中の、下っ端の要員であるアポロ疑惑監視要員たちを相当に焦らせているようだ。

私はこのまま真実の暴き言論を続ける。日本国と日本国民の利益のためにである。**私ほど、アメリカの敗戦後59年間の日本人への洗脳（マインド・コントロールあるいはブレイン・ウォッシュ）のことを深く知っており、従ってそこから脱《だつ》魔術化《まじゅつか》（disenchantment ディスエンチャントメント）している人間は、この国には他にはいない。**このことには自信がある。

ですから、私に対して、**「副島隆彦をいわゆる陰謀論者の中に混ぜ込んで奇人扱いされるようにするキャンペーンを張って、あいつの言論と日本国内への影響力を無力化せよ」**という方針ができつつある。それならば、私のほうから、彼らに先制攻撃《プレリミナリー・アタック》を加えよう。

私は、ネット上での妨害言論であるいわゆる「荒らし」を行ないに執拗《しつよう》に来ている数人いる副島隆彦監視要員の人物測定をやっている。
NASA《ナサ》と、その日本の子分であるNASDA《ナスダ》（現JAXA《ジャクサ》）が、今でも公表し続けている例の「月探査情報ステーション」の映像を再度、自分の目で見てほしい。世界中で湧《わ》き起こっているアポロ計画捏造《ねつぞう》の疑惑の指摘に対して、我慢し切れずにNASAが反論に出たのがこのサイトである。そして墓穴を掘ってしまった。

　普通の人間は、権威と体制にものすごく弱い。自分に各種の義務を課したり、恩恵を施《ほどこ》す公的な権力《パウァ》に対して逆らわない。疑問をぶつけるということもできない。ものすごく弱い存在である。だから、日米の、国家的宇宙開発部門に対して疑いの念を抱く、という大それたことそれ自体をブルブル震《ふる》えるように嫌がる。私はそんなものはちっとも恐《こわ》くない。全てを明らかにしてやるだろう。

　人類の月面着陸は無かったのであり、捏造であったのだ、ということとの真実を証明してゆく思考作業から逃げ出したい人は逃げたほうがいい。ここから先は、私のようなプロの思想戦闘員だけがやればいいことだ。みんなは危ないからどいていなさい。ただじっとこの闘いを目撃してくれればいい。そして後々《のちのち》の証言者になって下さい。

　それにしても、日本の理科系の優秀な技術者たちのほとんどまでが、ここまでアメリカの科学信仰に飼い慣らされていたとは。それが「科学という名の宗教なのだ」ということに、ここまで自覚がなかったとは。……いや、そうではないだろう。たぶん彼らの一部はすでに知っているし、十分に勘づいている。本当に優れた日本人サイエンティストやエンジニアたちだったら真実を知っている。少なくとも勘づいている。しかし、そのことを公言すると危険である。理科系の各現場での職業人として、各々がアメリカから厳しい監視下にあるから、簡単には真実を語れないのだ。彼らは脅《おど》かされているのだ。日本の政治家や官僚のトップや大銀行や大企業の経営幹部たちと同様だ。だから彼らに代わって、私ができる限りのことをやってあげようと思う。アメリカの手先になりさがって、嬉々《きき》としてNASA礼賛（肯定）をやるようなボンクラたちなど初めから私の眼中にない。

## 月面のレーザー反射鏡を根拠とする反論

▼投稿者：Bread'n'butter　投稿日：2003/05/05(Mon)

はじめてメールします。フランスのコートダジュール観測所で行なわれている月と地球の距離を測る実験で、アポロ計画で月の表面に残された反射鏡（Lunar Retroreflector）が使われているそうです。この実験により月と地球の距離が数センチメートル単位で測定することができるそうです。リンク先（http://aand.u-strasbg.fr:2002/articles/astro/abs/1998/11/ads1427/ads1427.html）にはネット上で見つけた、この観測所の研究員による論文の要約があります（１９９７年に天文学の学術誌掲載済み）。

　この実験は地球と月の距離を測るというある種単純な興味から、一般相対論による重力誤差を測定するという理論的な問題まで、さまざまな用途があるそうです。これで月の上にある反射鏡の存在は確証できます。もしこの鏡がアポロ計画以外の、われわれの知らされていない無人計画で設置された（非常に高い精度を要求する作業！）とするならば、何でそんな回りくどいことをするのでしょうか。それは逆に人類が月に人を送り込むだけの科学技術を持ち合わせている証拠になりますね。副島氏はこのような科学的な研究の積み重ねをも無視するのでしょうか。日頃の「科学」へのコミットメントはどうしたのでしょうか。今回の件は正直がっかりしました。

## 副島隆彦の反論――自分の脳をこそ疑え。大きく全体を見よ

副島隆彦です。このBread'n'butter《ブレドンバター》君からの投稿文に対して、私の考えを書きます。

ブレドンバター君というのは、かつてここに投稿してきていた人で、それなりに鋭いことを書く人だという私の記憶がありますので返事をします。

ブレドンバター君からの私の「人類の月面着陸は無かったろう」論への反論で、

「フランスのコートダジュール観測所で行なわれている月と地球の距離を測る実験で、アポロ計画で月の表面に残された反射鏡 Lunar《ルナ》 Retroreflector《レトロリフレクター》 が使われているそうです。この実験により月と地球の距離が数センチメートル単位で測定することができるそうです。……これで月の上にある反射鏡の存在は確証できます」

と君は書く。このレーザー反射鏡は、アポロ11号が1969年7月に月面に持っていって、アームストロングとオルドリンの2人が、据《す》え付けたことになっている例のものだ。

本当ですか？　**本当は、いつアメリカが、このレーザー反射鏡を月に打ち込んだロケットに載せていて、それが激突直前に月面に転がらせたものであるのかをこそ調べるべき**です。ブレドンバター君は、それを次回は調べて報告して下さい。

アメリカは月面に軟着陸させた無人探査機で置いてきた、などと言う気さえ私にはない。それさえもできない。そうではなくて、ただ打ち込んだのだ。そこで月ロケット（これをミサイルと言い換えてもいい）は大破するが、硬質ガラス体の目印ぐらいは地表に転がるように上手に仕掛ければ無事届くだろう。ロケット（月ミサイル）が月面に激突する直前

アポロ11号が置いてきたとされる月面反射鏡

アポロ15号から登場した月面走行車（LRV）

に切り離して転がしたのだろう。それは正四面体か立方体をしたガラス体だろう。1959年9月14日ルナ2号が月に命中したと発表した時点で、すでにソビエトが月にロケットを打ち込むことに成功している。アメリカも後追いで、レインジャー4号が62年4月に月面に衝突と発表している。この数年後には、レーザー反射鏡という物体を月面に転がしたのではないか。ブレドンバター君は、それらの論文が「いつ月面に設置された距離測定機を使った何という研究論文であるか」を確定して、私に再反論して下さい。

他にもこのレーザー反射鏡式の距離測定用の目印の存在だけを、私、副島隆彦の「人類の月面着陸は無かったろう」論への反証として鬼の首を取ったかのように言い募っている連中がいる。愚か者たちよ。君たちは何をそんなに怯《おび》えているのだ？

何か隠さなければならない重大なことでもあるのか？　君たちのほうが本当は私よりも、ずっと早くから、「NASAの人類の月面着陸の捏造＝大犯罪」を知っていたのではないですか。

もうひとつ書く。インターネット上に、「ロシアも有人月面着陸計画をしていた」という内容のサイトがある。全編、英語でできている。おそらくこれは、NASAとCIAが故意に真実の攪乱《かくらん》用に作ったものだろう。ロシア人の宇宙開発学者たちが作ったサイトではない。こんなことまでやるのだ。

私、副島隆彦は、何度でもはっきりと書く。**ソ連も月の石を持ち帰っていない。**失敗している。前述したとおり、**無人探査機を、無事にソフトに月面（および他の天体の表面）に着陸させることさえ、人類はまだ今の先端技術力をもってしても無理なのだ。できない。だから、さらにその数十倍は困難な、月面からの、着陸船（探査機）の再発射という大それた大変なことはできはしない。**本当に大変なことなのだぞ！　考えてみろ！

スペースシャトルを地球上から発射したり、無事、帰還させたりすることだけでも、今でも、これほどの大失敗を繰り返しているのに、どうして、それを、他の天体で易々《やすやす》とやってのけられると言うのだ。「月は地球の6分の1の重力だから、比較的簡単に打ち上げることができるのです……」というような、馬鹿げた話を君たちは本気で信じているのか。私への反論のほとんどは、この「月は地球の重力の6分の1だから着陸と再発射は簡単だ」というものだ。そればっかりだ。

**君たちは、本当に、理科系出身の、厳密に正確に物事を考える人間たちなのか！**　私は、もう怒り狂うぞ（と、書くと、「ついに副島が本当に狂ってしまった」と書く人間たちがいる）。ブレドンバター君へ。私を甘く見るな。自分の脳をこそ疑え。君は文末で書いている。「今回の件は正直がっかりしました」

**正直がっかりしました、のは、私、副島隆彦のほうだ。**君たちをまとめて、私の「学問道場」でしごき直してやる。……と書くと、ついに、「殿、ご乱心」となるのか。

ブレドンバター君。君は、本当にＮＡＳＡの公表している、月面を、飛行士たちが鼻歌を歌いながら駆けてゆく映像を見て、本当にあれが月面だと君は思うのか。正直に答えてみなさい。

**あの映像は、画面が移動したり微《かす》かにズームアップしたり、フォーカスしたりしているのですよ。１９６９年とか、１９７０年に、そういう技術を38万キロメートル離れた地球からの遠隔操作でできると思うのですか。今だってできない。**

それともその2人の月面着陸した飛行士たちが自分の胸に装着した無線用の操作機で、操作しながらフォーカスしたりした、鼻歌ぐらい歌いながら操作できる……と、そういう強弁をするのですか。あの映像をクリックして何十度でも見なさい。

その他、**「月面着陸で、軟着陸する（ロケットを逆噴射させながら、徐々に降りる）ことは、今の２００４年の技術をもってしても可能か」**という重大な問題があります。

それから**「月面の真空状態の中を、本当に、生身《なまみ》の人間が歩き回れるものなのか？　真空というのはもっと恐ろしい世界のはずだ。あるいは「どうして、ＮＡＳＡの月面映像のどれをとって見ても、全て似たような景色なのか？　そして全く星が見えない。**あの全てに共通する、遠景の美しい〝月の丘〟は、スタジオのセットではないのか」とか、大きな問題点に答えなさい。**「着陸機を再発射させるための、帰りの分の燃料も積んでいったはずだが、それは、どれぐらい大変な量かを、計算する。再発射用の燃料ブースターが見あたらない」**とか、そういう議論を厳密にするべきなのです。

おもしろいなあ。私の弟子を自称した（進んで、私に愛読者だと名乗り出た）人間たちの、一人ひとりの思考力と思想と生き方の重みを測定できる機会に恵まれて私は喜んでいる。みんな、ここの会員の皆さんは、正直に、自分の思うことを書いてきて下さい。それでいいではないですか。あとあとどういうことになるか、私にもいまは判定できません。10年後には、今、私がこうして書いていることが冷酷に鑑定されることになる。しかし、人類月面着陸が事実であるかどうかの判定、審判はどうせ5年以内に下ります。

**問題は、「副島隆彦は信頼（信用）できるか、否か」という、アジア原住民型の人物評定ではなくて、「1969年にアメリカが実現したという、人類の月面着陸は、本当に有ったのか、無かったのか」の事実判定である。一切はこのことにかかっている。このこと以外に問題点をズラしてはならない。そして「無かっただろう。あれは、捏造＝人類への大犯罪だ」という、副島隆彦の主張が、果たして正しい（right ライト）なのか、間違っている（wrong ウロング）なのか」という問題です。**私は明白に、NASA否定派であり、人類月面着陸捏造主張派です。そして私ははじめから、アポロ計画は有ったか無かったか、という書き方はしていない。慎重に言葉を選んで「人類の月面着陸は有ったか、無かったか」という書き方をしている。

今日はここまでです。全ての問題点に対して、全て私は答えてみせます。私は逃げない。逃げ出すのは私の敵どものほうだ。君たちの脳にひびを入れてやる。本当に、遠くからの遠隔操作 telemetry《テレメトリー》で、真実が与えるひびを入れてやる。

## 人類月面着陸信奉の読者からの再投稿

▼投稿者：Bread'n'butter　投稿日：2003/05/05(Mon)

副島さん、再びこんにちは。数学で「存在証明」つまり、ある解が存在するという証明は、その条件を満たす解をひとつ挙げればよい。

ですから、人類が月に行く技術を持っているという証拠は、反射鏡という精妙な機器が月上に残されているということを証明すれば足りる。後は、どんなに月着陸が「ありそうもない」という状況証拠を重ねても、この存在証明が揺るがなければ月着陸は有ったと考えたほうがいい。

月面のレーザー反射鏡は合計5つあり、そのうち2つはソビエトの無人探査船によって残された物。残り3つは、アポロ計画のうち別々の3回に残された物です。写真は次のサイト参照。http://www.astro.washington.edu/tmurphy/apollo/lrrr.html。これらの反射鏡は、月の上の正確な位置を測定できている。もしその位置が誤っているというのなら、他の国の科学者が指摘しているはずです。また、これらは70年代以来多くの実験に使われている。もし反射鏡の存在を否定するならば、それらの実験の全てを否定しなければならない。

だいたい、月にロケットを秘密裏に打《ぶ》ち込んだりしたら、アマチュア天文家が大騒ぎしますよ。アマチュア天文家はあなどれない。つい先日も日本のスパイ衛星の軌道がフィンランドのアマチュア天文家によって公開され、それどころか北朝鮮上空を通過する時刻まで公開されてしまった。アポロ計画の時も、世界中の人がアポロの軌道を追っていたはず。月に行かずに地球をくるくる回っていたりしたらすぐばれるし、現実に地球軌道を外れる噴射をした瞬間の写真などもあるらしい。世界中の天文家の目をそう簡単に騙《だま》せるものなのか。

それから、アポロ17号の映像も見ましたが（面白い！）、別に変なところはありませんでしたよ。宇宙飛行士は3人いたから、少なくともひとりがカメラを操作していたのでしょう。それから、このクリップはあとでNASAが編集したのでしょう。何か非科学的なところがあるでしょうか。それよりこの映像はどうでしょうか。

ローバーが月面上を走っていますが、この砂煙の上がり方（完璧《かんぺき》な放物線を描いている）は空気抵抗のない真空中としか考えられません。地上であれだけ大きなスタジオを作った挙句に内部を真空にしたのでしょうか。そのほうが私には信じられません。

以上が私の反論です。Bad《バッド》 Astronomy《アストロノミー》のサイトは親切に科学的な説明をしていると思いますので、もし反証なさるならその一つひとつに科学的な論証をつけてもらいたいと思います。「月面着陸は無かったろう」論の完全版をお待ちします。

ＰＳ　私は別に副島さんの名誉を傷つけようとかいう意図はなく、冷静に、科学的に物事を見ることが何よりも大切だという考えから投稿しました。きちんとした科学的説明があれば、それがどんなに直観的なものでも私は考えてみようと思います。


副島隆彦です。ここで、このブレドンバター君という仮名の日本人が、一体どういう人物かを、私は調べた。それでまず、彼が私たちのウェブサイトに投稿してきた電子文章を追跡した。私の弟子の須藤よしなお君がＩＰ《アイピー》アドレスの追跡調査をやってくれた。そうしたら次のような発信元の経歴が出てきた。

◆Bread'n'butter
ＩＰアドレス　151.204.210.169
ホスト名　pool-151-204-210-169.pskn.east.verizon.net
ＩＰアドレス
　割当国　※アメリカ合衆国（US）
◇Domain Information：［ドメイン情報］
プロバイダ名：Verizon Internet Services
Domain Name：VERIZON.NET
Domain Status：Client Locked
Administrative Contact：
Christian R. Andersen christian. andersen@verizon.com. Verizon
600 Hldden Ridge Drive HQE03H01
Irving, TX《テキサス》 75038
US
1-9727187621

このようにＩＰアドレスの追跡ができた。ここから判明することはブレドンバター君はアメリカ合衆国に居住していてどうやらテキサス州のある都市にいるらしい。ヒューストンではないのか。一体どういう職業の日本人か、これでだいたい推定がつく。

彼と同じように仮名、変名のまま、私に奇妙な反論文を書き送ってきた主要な人々、十数名のＩＰアドレスの調査はしてある。ワシントンＤＣやら大阪大学や東京大学の構内から書き込まれたものであることも判明している。これらの覆面の人物たちの特定もおいおいするつもりだ。もし彼らが特定の公務員だったら情報公開法を使って行政訴訟で公の場にひきずり出そうと思う。

## 副島隆彦の再反論――
## 決定的な指摘にまっ正面から答えよ、逃げるな

副島隆彦です。ブレドンバター君からの再反論文では、私が、前回、明確に書いた、大きな4つの事柄についての諸問題点には何も答えていない。だから、この学問道場の先生として、そういう答案（返事）は相手にしない。

今から、私は近代ヨーロッパの法律学が切り開いてきた、「証明責任（ブレドンバター

君が「存在証明」などという難しそうなことを言っているが、挙証責任ともいう）はどちらにあるのか」ということを書きます。果たして「Ⓐ　NASAと、Ⓑ　人類の月面着陸否定派（副島隆彦を含む）のどちらにあるのか」という議論を、そのうちやります。この問題は、理科系の人たちには、すぐには分からないからです（243頁で、この「証明責任」について説明している）。

　NASA肯定派は、「それではNASA否定派（捏造主張派）は月面着陸が無かったことの証明をしろ」という。こういうことは簡単に言ってはならないことなのです。「無かったことの証明」というのはできない、というよりもしなくていいのです。それよりもまず、「有ったことの証明」をしなければならないのです。月面着陸は有ったと主張する者たちにこそ、まず証明責任はあるのです。

　ブレドンバター君には、私は、宿題を出したはずです。その「月面に置いてあるレーザー反射鏡を使った、距離測定の論文」が、初めて、気象、通信、地球物理学などの世界的な学会誌で発表され始めたのは、いつからであり、誰が書いたものですか。そういうことを正確に調べて報告しなさい。それをやらないで、「一点を反証したら、科学になるのどうの」という幼稚なことを、この、私、副島隆彦に向かって言うな。**ファイアアーベントや、トマス・クーンらいわゆる科学哲学者たちが展開した反証可能性（フォールシファイ**

アビリティ　falsifiability）の問題は、君らよりも、私のほうがずっとよく知っている。
いちいちふざけたことを、この日本の碩学《せきがく》の私に向かって説くな。

それと、私が明確に書いた、大きなこと。すなわち、君はあの鼻歌、月面駆けっこの2人の飛行士（2人しか月面にはいない。あとのひとりは月軌道上だそうだ）映像は、おかしいと思わないのか。それから、帰りの分の燃料タンクのブースターはなぜないのだ。とか、月の石の成分組成の地球の岩石との違い（月はたぶん40億年ぐらい前に地球から分かれたらしいから組成が違うだろう）が、論文で発表されているらしいが、その論文の所在とか。そういう大きなことを、報告文として書いて寄越しなさい。そうしたら、その努力を認めます。

それ以外のくだらないことを書きに来るのなら、もう、二度と私の前に現れるな。

最後に、一点だけ、書いておきます。２００５年中に、日本の月面探査機の「セレーネ」が打ち上げられて、月面を細かく撮影することになっている。この探査機は、さる地球物理学を学んだ人に、先日聞いたら、月の地表から20キロから30キロメートルのところを飛ぶ、そうだ。そんなに低空を、地表をなめるように飛ぶのだ。ということは月の表面にある10センチ四方の物まで確実に写せるだろう、という。日本のカメラや光学技術が世界一であることを軽く見てはいけない。

だから、月面にアポロ計画で着陸船が着陸した時の残骸とかが月面の6箇所にわたって、あちこちに見つかるはずなのです。それで、決着がつくではないですか。

ところが、何と例の、JAXA《ジャクサ》の『月の雑学』のサイトの、「日本の衛星（セレーネ）が月に行けば、アポロ着陸船を見つけられるはず?」のページでは、**「着陸船の脚どうし、いちばん離れたところで9・4mです。……これでは『セレーネ』のカメラでは捉えられそうにはありません」というような、奇怪なことを、だらだらと、やましさ一杯でびくつきながら、べらべらと書いている。**

そんなことを、どうして、打ち上げもしないうちから、言い訳がましく書くのか。おそらく**NASAから、「月面の真実を公表したら、承知しないぞ。分かっているだろうな」と、きつく脅《おど》されている**のだろう。かわいそうな日本の宇宙研究学者たちよ。

それでも、日本のセレーネや、ヨーロッパ宇宙庁が2003年9月23日に打ち上げて2005年2月に月に到達予定の月面探査機「スマート1号」からの映像で、全てが分かる。この私の腹をくくった態度の重みが分かりますか。事実は事実だ。いずれ判明する、ということだ。今はこのセレーネ号が、突如、奇妙なタイミングで打ち上げ中止とかにならないことを祈るだけだ。でもやっぱりこのままでは打ち上げ中止に追い込まれるだろうなあ。それでもです。近年中に**どうせ真実は露見するのだ。**だから、もうあんまり、くだらないことを書くな。この副島隆彦に向かって。失敬な。

**日本の原研《げんけん》その他の核物理学者も、NTTの通信技術の最先端の研究所員たちも、ヒューマン・ジェノム（human genome 人《ひと》ゲノム）のバイオ学者たちも、みんな、アメリカからひどく脅されている**ことを私は知っている。

IAEA《アイエーイーエー》（国際原子力エネルギー委員会）の査察官たちは、日本の原発《げんぱつ》技術者や核物理学者たちの机の引き出しまで開けるし、24時間、作業現場が監視カメラで覗《のぞ》かれているという。そういう実情を誰も恐《こわ》くて報告しない。

ここに何か書く人は、会員であることがまず前提ですので情報と知識を持ち寄って下さい。それが基本です。副島隆彦への仮名、変名での憎しみ文章を書き付けるだけの者の謀略投稿は許しません。私、副島隆彦がはっと驚くような、「人類の月面着陸の証拠」や、情報を書いて寄越しなさい。そうでなければ、何のための学問道場か。全ては、衆人環視の下で行なわれなければならない。一切のイカサマは許しません。

## 副島隆彦の学問道場は公共の自由な言論の場を大切にする

副島隆彦です。今日は、２００３年5月8日です。

私達の「学問道場」の総合掲示板である「重掲《おもけい》」（重たい気持ちで書く掲示板）に書き込まれた匿名の無責任な投稿文は、以後はここのサブサイトのひとつである「読者からのメールの転載掲示板」のほうに移動させて転載する。

その理由は、この「重掲」は、私や会員の人たちの文章が優先する場所だからだ。私たち、学問道場の会員が、どこの馬の骨とも分からぬ生来の卑怯《ひきよう》な偽名、仮名の〝投げ文《ぶみ》〟などをする人間と対等なはずがない。理由もないのに覆面での冷やかし投げ文しかできないような人間は己れのその曲がった人格をまず恥じるべきだ。

それにしても次々と大量にやってくる異様な妨害投稿である。他人の家に土足であがり込んで平気な人たちである。しかしだからと言って、会員しか投稿できないように技術的にしてしまえ、という、私たちの内部にもある考えにも私は反対です。自由な言論の場は、広く一般に開かれていなければいけない。私は、この学問道場を前回も書いたとおり、「参加者の限られた閉じられた高級クラブ」には絶対にしません。

昨日の夜11時にここに書き込まれてきている「縦縞《たてじま》キンチャクダイ」という人の投稿文は、私が削除して「読者からのメールの転載掲示板」のほうに転載貼りつけしました。以後はこのようにしますので、匿名、仮名の投稿者は、始めからあちらの「読者からのメールの転載掲示板」に投稿して下さい。

あまりにひどい低能で、名無し（仮名、匿名）の、私たちへの侮蔑感情丸出しの中傷文の類はこれまでどおり「削除文の保管所」行きです。中でも明らかに支離滅裂な投稿文は、「削除文の保管所」にさえ、いちいち転載する手間も面倒ですから即刻削除にします。構いません。どんどんやって下さい。

大切なことは、事実であると思われる情報と知識が、この掲示板にこれからも集積されてゆくことです。そして、徹底的に公開で一切のインチキ、ヤラセ、イカサマ無しで、衆人環視の下において情報をみんなで共有し合うことです。

私を含む、人類の月面着陸否定派（捏造主張派）に対抗して、NASA肯定派（月面着陸有った派）の人々が持ち寄る情報や知識も、真摯《しんし》で真面目なものであれば歓迎します。

## 「公《おおやけ》」とは「みんなが見ているところ」という意味。「国のために死ね」ではない

日本人はどうも、公《おおやけ》という言葉の本当の意味を知識人層を含めて、いまだに知らないようである。知らないまま「明治元年からの日本嘘《うそ》近代」以降の136年間を生きてきた。いいですか。公《おおやけ》というのは、「みんなが見ているところ」という意味なのです。公《こう》、公共《こうきょう》、パブリック public というのは、人々が集まってみんなで見ているところ、という意味です。英語辞書を見てごらんなさい。

ですから日本人は、公というと、「公私混同《こうしこんどう》するな」の「公」で、天皇制の支配秩序のほうが私たち個人の私生活よりも優先することだと思っている。だから「公的権力」とか、あるいは、「公儀《こうぎ》、幕府表《ばくふおもて》」で、徳川体制の時の奉行所《ぶぎょうしょ》（北町と南町があって、年間半分ずつ交互に開いていた）のお白州《しらす》＝争い事の評定所《ひょうじょうしょ》のことだとか思っている。そうではありません。

西部邁《すすむ》というバカな評論家が言うような、「公私においては、公を大切にすべきだ。滅《めっ》私奉公《しほうこう》がすばらしい」というような、おかしな国家優先思想（国のためなら死ね）という

おかしな「公」解釈が平然とまかり通るのです。**東アジア原住民である私たちは、思考力が足りないから、すぐにこういう言葉の詐術《さじゅつ》にころりと騙されるの**です。

したがって再度、書きますが、おおやけ（公）とは、「一般大衆のみんなが集まって見ているところ」という意味です。そして、ここのネットの場もみんなが見ているところです。ここで、情報と知識を持ち寄って、みんなで真面目に議論をし賢くなっていけばいいのです。

それで、以下のようにこのややふざけた自己紹介もなしの弱虫《よわむし》の投稿文の中から有用な情報・知識部分だけをここに残します。

私は、自分が2003年4月から書き始めた「人類の月面着陸は無かったろう」論に、さらに強固な自信を持っています。これで、**この先も、「NASA妄信者、アメリカ権力への妄信者」たちを撃滅していきます。**

私は、ここの〈ぼやき〉を一本、書き上げようと思うと、相当に、気合が入って物書き言論人として恥ずかしくない、質の良いものを書こうと思って、自分で、勝手に、敷居を高くしてしまうようです。一本書くのに、5時間ぐらいの高度の精神の集中を必要としまず。その準備をするための時間に20時間ぐらいが必要のようです。この点を、なんとか克服して、もっと気軽に書けるようになりたいものだ。このことを眼前の自分の焦眉《しょうび》の課題としています。金融・経済分析もやります。イラク戦争その他の政治分析もやっています。言論は徹底的に自由でなければならない。自由な言論をなす者は真っ直ぐな気持ちで、どこまでも真実と事実を追究してゆかなくてはならない。

## 「99％月行った派」の読者からの投稿——「オタクの視点」

▼投稿者：縦縞キンチャクダイ　投稿日：2003/05/07（Wed）

副島さん、こんにちは。月に行った、行ってない、に対して科学的視点からの議論ではなくて、私は違う視点から話をしてみたいと思います。その視点とは「オタクの視点」です。「月に行ってない」とすると、ＮＡＳＡが発表した写真、映像は全て偽造、ニセモノということになります。

「おそらくネバダ州の砂漠の中の研究施設のなかに、スタジオがあって、そこで撮影されたのだろう。映画『カプリコン１』で解明されているとおりだ」〈ぼやき〉「４３０」から）

となると、どうやって偽造したのか？　いや、撮影されたのか？　こうなると、科学的視点あるいは陰謀論的視点というよりも「特殊撮影」「ＳＦＸ」の視点で見るべきではないか。これが「オタクの視点」です。「映像の魔術」となると、やはりハリウッド。では当時どのくらいの映像表現が可能だったのか？　これが最もよく分かるのが、アポロ打ち上げの前年に公開された1968年製作、スタンリー・キューブリックの『2001年宇宙の旅』です。

製作過程と特撮技術の詳しい話は、『未来映画術「2001年宇宙の旅」』（晶文社、ピアース・ビゾニー著）、『オタク学入門』（新潮社、岡田斗司夫著）を参考にして下さい。

『オタク学入門』の中の、「天才キューブリックの根性SFX《エスエフエックス》。オタクたちをひれ伏せさせた『2001年宇宙の旅』」の内容は、ネット上に公開されています。

ただ宇宙船が飛んでいるだけの場面で……。そのために「1コマ」「1コマ」想像を絶する努力と根性と忍耐と涙、本当に「オタク魂」が熱く燃え上がります。さらに、この映画のテーマがすごい。「科学的に定義された神を映像化する」いやーほんとすごいです。しかしキューブリックも原作者のクラークも無神論者。では、「科学的に定義された神」とは何ぞや？

それは「進化しすぎた宇宙人」猿—人間—人造人間—機械人間—記憶人間—意識体……神。科学が極限まで発達して、人間の体は全て機械に交換、脳の記憶すらデジタルに変換され、さらにデジタルを超越し、意識体となり宇宙のあらゆる所に旅をし、星々に生命を誕生させる。まさにこれが「科学的に定義された神」ですね。ちなみに、これと同じことをテーマにした人がいます。神は死んだ。だったらわれわれが神を目指す超人になればいい。だからニーチェの「ツァラトゥストラ」が『2001』のテーマだったのですね。私は、上記の2冊と、ネットで公開されている『オタク学入門』で「2001」がなぜ超一流のSF映画として評価されているのか、やっと理解できました。

話が外れました。ここから本題に入ります。『2001』には、当時のNASAの技術者が相当数スタッフとして働いています。ということは、こいつらが『2001』に協力するフリをしながら特撮技術を盗んで、アメリカの威信を守るために宇宙飛行および月面インチキ映像を造ったと断言できます。

「月面の砂漠?（ネバダ州のスタジオ内の砂漠?）を鼻歌を歌いながら、向こうに駆けてゆく、何をしに?　月面到着して嬉しいから?」〈ぼやき〉「430」から）

おっしゃるとおり『2001』の中のモノリス月面調査隊映像の情けなさ、映像的にも手前と奥でピントがボケて、宇宙空間の明暗がハッキリする、深み（被写体深《ひしゃたいしん》度《ど》）がありません。これでは、一発で空気のある地上で撮影されたと分かります。少なくとも「ＮＡＳＡ」のほうは飛んだり跳ねたりしているのに……。

あれほど宇宙船の特撮、設定には「変質狂的完全主義者」を貫いていたキューブリックなのに絶対におかしい。私は、『２００１』の月面映像は、わざとあんなふうに「撮らされた」のだと思います。また『２００１』の特撮は、全部イギリスのスタジオで行なわれました。そうなると石（ロックフェラー）と子供（ロスチャイルド）が、裏で手をつないでいたのか？

なぜか分かりませんが、キューブリックは撮影終了後、アメリカへは帰らずイギリスに死ぬまで居着いてしまいます。『２００１』（ＭＧＭ）、『カプリコン１』（ＦＯＸ）。ちなみに『２００１』公開後、大ヒットしたにもかかわらず、ＭＧＭは倒産しました。ここらへんにも何かありそうです。

それでは、「これはおかしい」と指摘された点を「オタクの視点」で検証したいと思います。なお指摘された点を何でも全て「オタクの視点」で説明できるとは私も思っていません。繰り返しますが、あくまで「オタクの視点」です。この「オタクの視点」がどうしても分からない方は、『オタク学入門』（新潮社、岡田斗司夫著）『東大オタキングゼミ』（自由国民社、岡田斗司夫著）をどちらもネット上で、公開されているのでお読み下さい。

「まるで地球の海岸の砂浜をゴーカート（サンド・ローバー）で走るように、月の表面を月面走行車（アポロ15号から登場）で走り回るようなことができたのか」〈〈ぼやき〉「430」から〉

「ローバーが月面上を走っていますが、この砂煙の上がり方（完璧な放物線を描いている）は空気抵抗のない真空中としか考えられません。地上であれだけ大きなスタジオを作った挙句に内部を真空にしたのでしょうか。そのほうが私には信じられません」（142頁のブレドンバター君の文中から）

「そのほうが信じられません」だと！　そのぐらいのことを奴らはやるのだ！　世界帝国もとい「オタクの力」を甘く見るな！　すごいぞNASAのオタク。

「もう月面をオタオタ歩く特撮映像だけではごまかしきれない。次はプランG13のトラクターを走らせよう」「でも真空中でガソリン車は使えない、それに、プランG13企画書の設定では、没になった太陽電池車のはずだ」「では電気自動車を造ろう」「……真空の中で動く電気自動車か？」「キューブリックは、1000万$《ドル》で『2001』を造った。俺たちはその100倍だ！　金はいくらでもある、月に人間を行かすのに比べれば楽なもんだ」

特撮オタクだけではない、自動車オタクも揃《そろ》っている。

「飛行士たちの影の方角がそれぞれ違う。光を当てる光源がいくつもあったのだろう。着陸船にはなぜか影がない」（〈ぼやき〉「４３０」から）

　すごいぞＮＡＳＡのオタク。ひとつの光源でいいのに、たくさんの光源から光を当てている。すごい手間だ。

「どうして、当時の通信技術で、月という遠くからの電波を受信して映像再生した映像があれほど鮮明なのか」（〈ぼやき〉「４３０」から）

　すごいぞＮＡＳＡのオタク。アポロ打ち上げから30年以上経過し、当時の特撮技術からは想像を絶するほど進化したのに、『ジュラシック・パーク』や『ＧＯＤＺＩ《ゴジ》ＬＬＡ《ラ》』ですらＣＧ《シージー》のボロい所を隠すために、雨を降らせ、部屋を暗くして細部が見えないようにして「ア、これ作り物だ」と、バレナイように必至でごまかしているとゆうのに、それを鮮明な画像にして放映するとは……自分たちが作った特撮映像に、絶対の自信があったのだろう。それでこそ「オタク」を名乗る資格がある。

「太陽が昇ってきて、飛行士たちに日差しが当たっている映像があるが、あの時に２００度ぐらいの高温が当たるはずだが、どうしてあのような、薄い宇宙服でそれを断熱できるのか」（〈ぼやき〉「４３０」から）

　すごいぞＮＡＳＡのオタク。太陽が照りつける、照りつけてない映像、だけでいいではないか！　何で「太陽が昇ってくる」というワザワザ、自分の首を絞めるような、難しい特撮をやるんだ。あえて己をギリギリの極限状態に追い込み不可能に挑戦する。それでこその「オタク魂」。

「着陸船が噴射して、離陸する時に、まるで天井から吊り下げられているようにスルスルと昇っていった」〈ぼやき〉「430」から「真空中だから風船は使えない。天井から紐《ひも》で引っ張ろう」「でも人間の手で引っ張るとブレるぞ」「だから宇宙船の質量、月の重力、ロケットの推進力、全てを計算して、真空中でも、数値どおりの加速度で引っ張る装置を作るんだ」「……難しい」「だったらキューブリックの1秒につき4時間の長時間露光だ！」「……」どうやらどちらもできなくて、結局手で引っ張り上げたようだな。

お前らに今日を生きる資格はない！　もといお前らにオタクを名乗る資格はない！（ケンシロウ調）『アポロ13』主演のトム・ハンクスが、このアポロ計画をもとにして、テレビ映画を作りました。題名「アポロ計画（だったかな？）」これのメイキングを見たのですが、ピョンピョン飛び跳ねるために風船を背中に紐でつないでいました。また、明暗がハッキリした被写体深度の深い映像を撮るためにものすごい照明を当てていました。2、3回照明の熱でセットに、火が点き火事になるほどの強い照明の光です。

私は、このメイキングを思い出しながら、1968年当時のNASAのオタクは「この映像をどうやって撮ったんだ」と思わずにはいられませんでした。写真も完璧だ。『2001』をはるかに超える被写体深度！『2001』をはるかに超える宇宙飛行と月面歩行！　どのくらい強い照明を当てたのか？　どのくらいの長時間露光だったのか？　どのくらいの科学的考証をしたのか？　関わった延べ人数は？「秘密を守ります」と署名させられた紙は、どこに保管されているのか？　イヤー本当にすごいです。

アポロ計画が全て嘘っぱちだったのがバレて、世界中から非難されようとも、オタクたちは、NASAのオタクを非難すまい。1968年当時の特撮技術で『2001』を凌駕《りょうが》する宇宙飛行と月面歩行を7回（だったかな？）も見せてくれたのだから。いろいろ書きましたが、私は、「99％月行った派」です。

副島隆彦です。以上が「オタクの視点」からの月面着陸問題への発言です。

このあと、ここで宇宙線（放射能）あるいは太陽風（太陽フレア）による飛行士の被曝《ひばく》量の問題と〝月の石〟の疑惑問題を、まとめてやります。

## 宇宙線と被曝量の問題

地上から1000キロメートルも上空に行くと、人間は、ものすごい量の宇宙線という放射線を浴びる。これが人体にきわめてよくないだろうことは誰でも分かる。

一体、飛行士《エイビエイター》たちはどれぐらいの宇宙線を浴びるものだろうか。どれぐらいの量まで許容できるものなのか。そして、現在の先端技術をもってして果たして、どの宇宙線をどのように遮蔽《しゃへい》（遮断）することができるのか。

まず、私の読者で優れた投稿をしてくれた私より少し若い科学者の文章を載せる。

---

▼Date：Wed. 30 Apr. 2003

Subject：アポロ計画の件　会員番号＊＊＊＊　二度目のメールです。

正確さを無視して大雑把に書きます。

**〈地球に届く宇宙線〉**

①　水素の原子核　（陽子）　90％

②　ヘリウムの原子核　9％

---

③　その他　1％

**〈放射線量〉**

①　地上　1mSv《ミリシーベルト》／年

②　衛星の高度（スペースシャトルを含む）　45～360mSv／年

③　ヴァンアレン帯の外　100～500mSv／年

**〈遮蔽〉**

①　α《アルファ》線（ヘリウム原子核）　薄い紙で遮蔽できます

②　β《ベータ》線（電子及び陽子）　数ミリの金属で遮蔽できます

　これらの宇宙線は遮蔽できます。その他に、

③　γ《ガンマ》線（電磁波）

④　中性子線

があります。**このγ線（電磁波）と中性子線の遮蔽は、困難です！**

**〈法的許容量他〉**

放射線従事者（妊婦不可）　50mSv《ミリシーベルト》／年以下

一般人（航空機の乗務員）　5mSv／年以下

健康障害が生じない被曝線量（推定：目安程度）　400mSv／年以下

5％の人が死亡（推定：目安程度）　２０００mSv／年以下

**〈人体に対する影響度〉**

α《アルファ》線＞β《ベータ》線＞γ《ガンマ》線　影響度が大きいものは、影響度が大きいゆえに遮蔽しやすい（防ぎやすい）

**〈注意点〉**

**太陽フレアは危険！　短時間であるが、上記値の１０００倍以上の宇宙線が発生する。**

**〈その他：コメント含む〉**

①空気自体の遮蔽効果が大きい地上に比べ、衛星の高度とヴァンアレン帯の外での空気遮蔽の違いは無視できるほど少ない。

②磁界によるヴァンアレン帯での宇宙線量は大きい。しかしこれもα線、β線が主体。遮蔽が容易。影響度が大きいが故に、逆にそこに偏在。ヴァンアレン帯での放射線は、遮蔽容易である以外に短時間で通過するため無視できる。

③50℃の風呂に入れる人は、いないが、90℃のサウナには入れる。砂粒以下の１０００℃の物が、人に当たっても鈍い人は、気づかないかもしれない。

④宇宙と地上は1気圧差しかない。海底１００メートルと地上とでは、9気圧差もあ

る。海底は海流も危険。
⑤技師さんや半導体開発者が、優秀とのコメントあります。おそらく優秀なのだとは思いますが、副島先生がそれをジャッジするのは無理があります。
⑥上記内容は、優秀な中学生が判断できる内容です。
⑦アポロ計画を扱ったテレビ番組の方は見ていません。ネットで知りました。ネットで見た例のアポロの飛行士が、月面で無意識に物を落とした際の映像は、思わず笑いました。ネットで「9・11」の写真や、フセイン像の引き倒し（偽）の際の映像（さくら。アメリカ兵が、現地人に化けていた）を見た時も同様に笑いました。内容的には、同レベルだと思います。実際に証拠を見ないとなかなか気づきません。アポロ計画は自分が子供の頃の話で気がついていませんでした。飛行士が物を落とした際の映像見て、初めてバカバカしさに気づきました。
以上

副島隆彦です。専門的で正確な数値の入ったメールをありがとうございます。大変勉強になります。私の「月面着陸は無かったろう」論へのご意見をありがとう。君のような、個々の数値と事実に基づいて考えようとする真面目な人の意見が私は大好きです。それが本当の知性だからです。

私は、このあとも「月面着陸（アポロ計画）の大嘘」を追及します。君も君なりに追及して下さい。ご自分の知能と思考力を大切にして自分で守ってください。

この投稿文の内容のとおりであろう。宇宙線 cosmic《コズミック》 rays《レイズ》と呼ばれる宇宙空間から地球に降りそそぐ放射線 radiation《ラディエイション》には、こんなに種類がある。そのうちの$\alpha$《アルファ》線と$\beta$《ベータ》線と呼ばれる宇宙線は良性で、人体にもそれほど悪くはないようで簡単に遮断できる。それに対して、$\gamma$《ガンマ》線（電磁波）と中性子線というのはかなり悪いやつらのようである。

ここから分かることは、「500 mSv／年（年間500ミリシーベルトと読む）という被曝量《ひばくりよう》」はいわゆる致死量であり、これを超えると人体に相当に悪いようである。地上3000キロから40000キロメートルにあるとされるヴァンアレン帯の中は500 mSv／年を超えている。さあ、どうやってこの宇宙線被曝（量）の問題を解決するのか。ロケットで一気に飛び超えるから大丈夫というのが反論である。

さらに「太陽風《たいようふう》」というのが太陽から放射してくると、これは「その1000倍」危険である、となっている。

そして何と、アポロ11号やらが月面着陸をしたとされる1969年、1970年は、この太陽風（太陽の表面で起きる大爆発のフレアから起きる）が最も激しかった年であることがジョー君の調査で分かっている。この太陽フレアが磁気嵐《じきあらし》を起こして、オーロラを出現させる。磁気嵐はロケットや航空機の計器類をも狂わせる。ＩＳＳ（国際宇宙ステーション）内には、この太陽風を避けるための緊急避難室（鉛《なまり》でできた壁1・8メートルの部屋なのか）があるそうだが、見せてもらいたいものだ。

あれもこれも合わせて、一体全体、これでよくも35年前に人間が月に行ったなどと言い張れるものである。

それから、真空実験という問題がある。減圧室もないのに、よくもまあアポロ飛行士たちは月面という恐ろしい真空の中に、あんな薄っぺらのスキーウエアのような宇宙服とかで出てゆけたものだという素朴な疑問もある。誰が着替えさせてくれたのだろうか。宇宙船内では地球への離着陸時に与圧服《よあつふく》というのを着るそうだが、これがいわゆる宇宙服のことだろう。与圧服の中は2気圧になっているそうだ。この与圧服を着ていては食事はできない。

アポロ11号月面着陸までに一体、どれぐらいの真空実験というのを繰り返したのだろうか。どうやら大型の真空実験室 vacuum《ヴァキューム》 chamber《チェインバー》 というのは今でも作るのが大変らしい。何と、日本が国際宇宙ステーション（ＩＳＳ）に対して貢献している役割分担の「きぼう」というドラム缶の大型のものが、まさしく真空実験室らしいのである。そして、そこから外に出た所に、宇宙線を採取したりする装置が取りつけられている。今頃になって日本が宇宙線についての何の観測やら実験やらをやっているというのだろう。

ところで160頁で、私は、「宇宙線（放射能）による被曝」と書いた。ここでこの宇宙線と放射能の区別について少し説明しておく。

前述した各種の宇宙線 cosmic《コズミック》 rays《レイズ》 というのは、放射線 radiation《ラディエイション》 の一種である。放射線というのは、物質から外部に放出される性質のものを指し示している。たとえば、「熱は物質が燃える火（炎）から放射される」Heat《ヒート》 radiates《ラディエイツ》 from《フラム》 a fire《アファイア》. のである。だから、放射性物質（か、あるいは光線）によって生まれる効果や影響や性質のことを放射能 radio-activity《レイディオアクティビティ》 と言う。この使い方のちがいは、たとえば、経済学で使うところの生産（活動）production《プロダクション》 と生産力（生産能力、生産性）productivity《プロダクティビティ》 のちがいと同じことである。英語、ヨーロッパ語はこのような現象とその効能（影響）をコトバで区別する。日本語ではこの区別は明らかでない。だから日本人は物理学を専攻している人々でも、自分でも放射線《ラディエイション》と放射能《ラジオアクティビティ》の区別がよくつかない。そのくせ専門外の人間が何か書くと、「放射線と放射能はちがう」とすぐにケチをつける。

The radioactivity on the surface of the Moon is intense due to the effects of the radiations (emitted) from the Sun.

「月の表面の放射能は強い（激しい）。それは太陽からの様々の放射線によるものである」

なのである。

あるいは、放射能汚染は、radioactive《レイディオアクティブ》 contamination《コンタミネーション》 なのであってこれを放射線汚染とは訳さない。全ては英語の文から決定される。

従って大きくは、「宇宙線＝放射線（放射能）が強い（激しい）」という書き方をしても正しいのである。いちいち日本文では区別はつけられない。専門家だと思って素人に向かってつまらない揚げ足取りはしないことだ。

## 「月の石」について

今、地球上にある〃月の石〃がどれぐらいおかしなものであるか、ということについて、ここでまとめて説明する。本書29頁の〃創世記の石《ジェネシス・ロック》〃をもう一度、まじまじと見てほしい。こんなものをアポロ15号の飛行士が月面で「出会って」、持ち帰ったなどというのは、それこそ〃神がかり〃の仕技《しわざ》である。まともな人間が信じることではない。

254頁で述べるテレビ朝日の2003年の大みそかの番組の『ビートたけしの世界はこうしてダマされた⁉』で、大槻義彦《おおつきよしひこ》早稲田大学理工学部教授が、はっきりと「あれは月の石なんかではない」と断言した。この大槻発言の衝撃と波紋は今も日本国中に、静かに広がっている。専門家たちは黙りこくっている。

大槻教授は、「月の石には、宇宙線によってミクロの穴（マイクロ・クレーター）が開いているはずなのに、それが見当たらない」「月の石のその後の研究からの科学的な新発見がほとんど見られない。だからあれは月の石ではない」とテレビで言った。

すると、この大槻発言に対しては、「大槻教授は、宇宙物理学（惑星学）の専門家ではない。専門家でない人の発言は当てにならない」という反論がネット上に現れた。そんなことはない。大槻教授は〝月の石〟についてもれっきとした専門研究者なのである。以下に、私の弟子で理工系の大学教授であるジョー君が次のように報告してくれている。

---

Operation Lune▼投稿者：ジョー　投稿日：2004/01/05（Mon）20:51:23

〈ぼやき〉や横山さんの投稿にもあるように昨年大みそかにテレビ朝日「ビートたけしの世界はこうしてダマされた!?」で〝Opération Lune〟（オペラシオン・リューヌ）の放送がありました。いくつか気がついたことを書いておきます。

大槻早稲田大学名誉教授のコメントが実は大きな意味をもっていた。大槻教授はインタビューに答え、「月には、行っていないと思う。月に行った証拠は月の石しか学

---

術的には存在しない。しかし月の石による研究の画期的な成果はない。またこの月の石には宇宙線によっておこるはずの石中の孔（穴）がほとんどみられない。まるでアメリカの南部の砂漠の石みたいだ」という主旨のことを述べていた。

あまり知られていないが、大槻教授の専門分野は、実はＵＦＯや霊界現象ではなく、「放射線物性」である。放射線やイオンがどの程度、物質に入り込むかという研究をしておられるのである。10年～30年ほど前は、彼はこの分野の第一線の理論研究者であり、彼が書いたこの分野の英語の本も出版されている。だから、「宇宙線によっておこるはずの石中の孔がみられない」という大槻教授の発言は、単なる一般知識を披露したのではなく、彼の物性物理学者としての専門分野の最先端の知識からのものである。彼がそう判断して、あきらかにおかしいということを指摘したのである。

大学教授という職業はよく専門バカといわれるが、逆にいうとその専門分野では、最先端の知識が手に入る。それは、国際学会やお互いの研究室訪問で多くの情報を、優秀な研究者から直接聞き出せるからである。したがってここでの教授の指摘は、彼の専門分野内のことであるから、多くの最先端物性研究者たちの意見をも反映していると考えることができる。

例えば、最後のほうで教授が述べた、「まるでアメリカ南部の砂漠の石みたいだ」

というのは、変に具体的である。これから考えると、教授の属する物性物理分野の最先端では、「月の石はアメリカ南部の砂漠の石と成分がよく似ている」という、なんらかのコモンセンス（共通の知識の了解）があるのではないか。

このような次第である。これでもまだ大槻教授を〝月の石〟の専門家でないと言い張るか。大槻教授は、物性物理学者であり、とりわけ放射線物性の専門家なのである。私は大槻教授の勇気に共感する。

大槻教授は「アポロ11号は月には行っていないと思う。あの、月の石は……アメリカの南部の砂漠の石のようだ」とはっきりと話した。

月の石については、「創世記の石」〝ジェネシス・ロック〟Genesis Rock と呼ばれる大型の石がアポロ計画全体の記念碑のように扱われている。この「創世記の石」と呼ばれる特別な〝月の石〟が、今どこの研究所に保管されているのか分からない。一般公開されているものなのかどうかも分からない。この石は、今から45億年前の月が誕生した時の石だと判明したからだから「創世記の石」なのだそうだ。誰かこの事実を検証したのか。この「創世記の石」と命名された石は、妙にユダヤ・キリスト教 Judeo《ジュデイオ》-Christianity《クリスチャニティ》の旧約聖書の宗教色を帯びさせられて、まるで崇拝の対象のように扱われている〝月の石〟については、この石が月面で発見された時の様子が、刻明に描写されている。この特別な月の石が発見された瞬間の情景は、以下のように饒舌《じょうぜつ》と形容してもいいぐらいの文学的で感動的な叙述でつづられている。以下に引用する文は、立花 隆《たちばなたかし》著『宇宙からの帰還』（中央公論社、1983年1月刊、その文庫版1985年刊）の74頁からのものである。長々と引用することになるが、この箇所の記述は大事であり、あとあと〝知の巨人〟立花隆が書いて評判となったことの内実と責任が問われてくる。

ここに引用する立花隆の文章は、ほとんどすべて、アポロ15号の船長のジム・アーウィンが月面で「創世記の石」を発見した時の体験記がアメリカで出版されたものの日本語訳文を丸々、延々と、引き写しで載せただけのものである。立花の『宇宙からの帰還』という本は、一冊丸々が、そういうおかしな資料をズラズラと引用して述べただけの本である。食わせ者の言論人・立花隆らしい本である。

このような造りにする以外には、大ぼら吹きのアポロ計画の飛行士たちの「月面着陸体験記」を次々に羅列することはできなかっただろう。真の愛国者で日本民族の利益を守ろうとした国民政治家・田中角栄を「金脈研究」とか「ロッキード疑惑裁判」でアメリカが追いつめ失脚させてゆくことの尖兵《せんぺい》（お先棒）をかつぐことから始まった、立花隆の悪の諸業の一端を、まざまざとこの『宇宙からの帰還』は物語っている。この本自体が、偽書そのものであり、大捏造の証拠物件そのものである。立花隆もまた、ジム・アーウィンが伝道師《ミッシュナリー》になったのと同じく、以後、神懸《かみがか》りになって、そういう本をいろいろ書くようになった。

(アポロ15号の飛行士ジム・)アーウィンは、自分がその石を発見できたのは、神の導きによってであったと思っている。〝ジェネシス・ロック〟のモデルを手にしながら(それはちょうど手の上に乗る大きさである)、アーウィンは、それを発見したときのことをこう語る。

「それは月に着いて三日目だった。その日の仕事は、岩石の採集だった。基地から出発して、月面探検車(ルナ・ローバー)で、山岳部に向かった。我々は出発前から、地質学者に、高地にいって、明るい色の岩石を中心的に採集するようにいわれていた。ご存じのように、月の石はたいてい玄武岩で黒い色をしている。そうではない岩石を探すのが目的だった。

ラフ・ロードの山道を登っていくと、突然、視界が開けて、ハドレイ・デルタ山が目の前にそびえ立つ高地に出た。その山の大きさ。まるでヒマラヤ山脈のようだった。(アペニン山脈の山々は、四、五千メートルの高さがある)。その山のスロープに、巨大なクレーターが幾つか口を開いているのが見えた。そのうちの一つ、スパー・クレーターのところまでいって、車を止めた。そしてあたりを見まわしたときに、すぐにこの石が目に入った。そのあたりは、我々の目的とする岩石採集にピタリの場所であることがすぐにわかった。白い岩石、薄緑色の岩石、茶色の岩石などなど、黒くない岩石がそこらじゅうにあった。しかし、その中で、この石は他のどの石ともちがっていた。これほど目立つ石はなかった。

この石は、まるで台座の上に乗っているかのように、もう一つの石の上に、乗っていたのだ。台座の石は、ほこりまみれの汚い古い石だったが、ちょうど、腕をさしのべたような形をしていた。そして、さしのべられた腕の先の部分に、この石が、この石だけはほこりもかぶらずに、ちょこんと乗っていた。まるで、〝私はここにいます。さあ取ってください〟と、その石が我々に語りかけているように見えた。そばにいってみると、結晶が何本か並行に長く走っていて、縞状になっていることがわかった。それを取り上げると、太陽の光を受けて、手の中でキラキラ輝き、何ともいえず美しかった。そして、これが地質学者たちが求めていた石であることがすぐにわかった。

私には、その石がそこにそうしてあったこと自体が、神の啓示と思われた。それを地球に持ち帰り、それが分析の結果、〝ジェネシス・ロック〟と命名されたとき、それが神の啓示であったこと、神が私に地球に持ち帰らせるために、そこに置いておいてくださったものであることを確信した。だから、私も地球に帰ってきたときに、ちょうどその石が私に向かって語りかけたように、神に対して、〝私はここにいます。さあ取って下さい。取ってあなたのために用いてください〟といったのだ」

私（註　立花隆）がアーウィンに会ったのは、コロラド・スプリングスの町はずれの共同ビルの中にある、〝High Flight Foundation〟のオフィスにおいてだった。アーウィンは月から帰った翌年、ＮＡＳＡから引退して、この財団を設立した。それ以来約十年間、ひたすらキリスト教の伝道をつづけている。

（立花隆著『宇宙からの帰還』74頁から）

〝月の石〟については、この他に、そもそも月の資源分布の調査結果が世界中のどの研究機関からも公表されていないという奇妙な問題がある。

〝月の石〟については、１０２頁で触れたが、もう少し詳しく書くと、日本の清水建設が、80年代に次のような奇妙な実験結果を発表している。それは、月の石即ち、アポロ計画によって持ち帰られた月面の表土を試料《スペシメン》として、水の合成実験を行なったら見事に水が合成されたという実験である。月の石をすりつぶした1グラムの物質に含まれていた、金属類と化合した酸素を使って、これに外側から水素ガスを与えて分離抽出して0・02グラムの水を抽出することに成功したとするものだ。この結果から、清水建設は「月面の石からセメントを造って、これを材料にして月面基地を建設できる」とぶちあげたのである。

実に興味深い実験報告だが、この報告書は、今はどこを捜しても見つからない。痕跡《あとかた》もなく消えている。血相をかえたNASAからの圧力がかかって、日本政府も慌《あわ》てて、覆《おお》いかくしてしまったのだろう。〝地球で作られた月の石〟という言葉がこの頃生まれた。詳細は分からない。

続いて、今度は、アメリカのノースダコタ大学のロバート・ネス教授の研究グループが、1993年に、アポロの石を詳しく調べた。その結果、〝月の石〟は、ガラス・鉄・アルミニウム・チタン・マグネシウムを含んでおり、40％が酸素原子であることが分かった。この分析結果は先の清水建設のものと全く同じである。従って月の表土は、セメントの主要材料となる二酸化珪素《けいそ》、酸化アルミニウム、酸化カルシウムなどが多い大量の「イルメナイト」から成っている。これから鉄やチタンも採掘できる、とロバート・ネス教授が報告したのである。

同じ頃、ミネソタ大学の地質学《ジオロジー》および岩石学《ペトロロジー》の専門学者のポール・ワイブレン教授が、「月の石の模造土」というのを作って発表している。ポール・ワイブレン教授は、地球に落下してくる隕石についての研究である隕石学Meteorites《メテオライテス》の専門学者でもある。ワイブレン教授は、「アポロ計画で持ち帰られた月の石には、水分が含まれていない」と発表して、月の表土と同じ模造土、Lunar《ルナ》 Soil《ソイル》 Simulant《シミュラント》、というのを作ってみせた。地球で作られたこの月の石の模造品は、ミネソタ州内の採掘場跡地の火山岩を材料にしたものであった。このワイブレン報告は、NHKの市販用のビデオ作品となって残っている。『NHKスペシャル　ザ・スペースエイジ6　再び月へ　資源の宝庫をめざせ』（全6巻、NHKソフトウェア刊）である。これは、1993年12月に放送された、NHK取材班が制作したもので、著作権者は日本放送協会となっている。

　月の表面の岩石は、灰長石や玄武岩や角礫岩《かくれきがん》が主であることは判明しているそうだが、それらは金属類と化合した火成岩であるらしい。果して月の石には、酸素が含まれているのか？

　月の石の主成分は、灰長石（あるいは斜長石）である。だから全体は白っぽい茶色に見えるのである。〝ヘリウム3〟と呼ばれる地球上では微少しかない物質もあるとされる。ちなみに「月の海」には強い放射能が存在することが計測されている。ところが、アポロ計画で持ち帰ったとされる月の石は、酸化鉄であることを示す赤茶色のものがたくさんあった。だから、清水建設は、「月の石から酸素、そしてそれから水を抽出した」のである。

この頃から、〝月の石〟問題は、「果たして月には水があるのか」問題のほうへと意図的にかどうか分からないが次第にズレてゆく。

1994年1月25日に打ち上げられたアメリカの月探査機「クレメンタイン1号」から「月の両極に水（氷）があるらしい」という分析結果が出た。それから、4年後の98年1月6日に打ち上げられた「ルナ・プロスペクター」も〝月の水〟や〝月の水素〟を捜し求めた。「ルナ・プロスペクター」は同年7月31日に「月の南極に水（氷）があるか否かを調べるために月面に衝突させた」が、結果は不明となった。一体、NASAは月面に対して何をやってきたのか。1969年に人類は月に降り立ったのではなかったのか。それが21世紀に入ってもまだこんな調子なのである。「月の南極に水（氷）が存在するか」問題にもあきたので、それでさらに、人類（世界中の人々）の目をそらすために、それでは「もっともっと遠くの火星に向けて」と、夢をふくらませたのだろう。NASAの存亡の危機を回避して、連邦予算を獲得するための巨大組織の暴走は続く。いやはや、ドロ縄からドロ沼へのたうち回る悪魔の所業であるとしか私には見えない。

第四章

# これは人類すべてを騙《だま》した巨大な権力犯罪である

## NASAに監視されている私の言論

副島隆彦です。今日は、2003年5月9日です。

今回の私のネット上の文章で始まった「アポロ騒動」ではっきりしたことは、**昨今の日本国内の言論弾圧は、決して、日本の政府機関や、自民党や、各種の官僚機構が行なうのではなくて、まさしく、アメリカの日本あやつり対策班が行なっている**ということだ。日本の各種の公的な政府機関は、むしろ、アメリカのこの日本管理・統制機関であるJapan《ジャパン》 handlers《ハンドラーズ》からの厳しい監視下に置かれていて、それでもなんとか、日本の国益を守ろうとして必死で抵抗している、というのが実情のようだ。これには、自衛隊（防衛庁）も、金融庁も、公安警察（政治警察）も含まれる。これらの重要な国家情報機関自体が、その内部で「アメリカの手先tool《ツール》派」と、「愛国派（日本民族派）」の2つに分かれて、激しく内部抗争を繰り返している。さらには、自分たち自身は勝手に愛国派（日本の国益重視派）だと信じ込んで行動しているが実際にはアメリカに巧妙に操《あやつ》られて動かされている第三勢力のような人々もいて三つどもえで争っていたりする。これには、財務省や日銀も含まれる。日銀もまた、アメリカの意思に従って、「お札を刷りまくれ。国債を無限に引き受けよ」という、アメリカの金融恐慌入りを阻止するために日本が犠牲になるように、属国の金融政策を取らされている。そして、それに必死で抵抗しているはえ抜きの愛国者の日銀マンたちがいる。

今の日本はどれだけ、お札と国債を発行しても、「現在の激しいデフレを、年率2％とかの穏やかなインフレに転換する」（これを、「インフレーション・ターゲッティング論」という）ことはできない。その揚句《あげく》に、数年後に襲いくるのは、アメリカ発の大恐慌か、ハイパー・インフレの嵐であろう。こういうことは何冊もの私の金融・経済の本で詳しく書いた。

今回の私の〈ぼやき〉「430」の「人類の月面着陸は無かったろう」論に対する、異常とも言える、憎悪の反応を見ていると、その奇怪さに、私自身が、「これには何かあるな」と推測せざるを得なかった。まさしく異常な反応だ。

たとえば、「2ちゃんねる」という、お下品・匿名《とくめい》・公衆便所並のサイトがあって、そこで、副島隆彦は惨々に書かれている。以下にURL《ユーアールエル》（リンク先とも言うインターネット上の各ホームページの住所のこと）をいくつか載せますので、どうぞ、これらをクリックして、ご自分で出掛けていって、短い投稿文の列挙を読んで下さい。異常なまでの副島隆彦への憎しみが書き込まれています。

中には私の言論や主張を擁護《ようご》する人もいるし、それから、人類の月面着陸を疑う、素朴で真面目な投稿文も散見する。しかし、それらは、すぐに大量の副島隆彦への憎しみに満ちた罵倒《ばとう》の文章で押し潰《つぶ》される。

①経済板　副島隆彦について語るスレ　http://money.2ch.net/test/read.cgi/eco

②政治板　副島隆彦ってどうよ。　http://money.2ch.net/test/read.cgi/seiji/1009239533/150

③国際情勢板　副島隆彦はどこまで信じられるの？　http://society.2ch.net/test/read.cgi/kokusai/1008429945/150

④天文・気象板　アポロ計画の真実はいつ明かされるのか（2号）　http://science.2ch.net/test/read.cgi/sky/1046795683/

⑤未来技術板　アメリカは本当に月面着陸していたのか？　http://science.2ch.net/future/kako/1012/10126/1012660449.html

⑥西川渉《にしかわわたる》氏のサイト　現代の航空「NASAアポロ計画の謎」のページ　http://www2g.biglobe.ne.jp/~aviation/apollo.html

⑦社会学板　副島呼ぶしかないでしょ　http://academy2.2ch.net/test/read.cgi/sociology/958464699/150

⑧アマゾン・ドット・コムで買える「アポロ計画への疑惑を論証する本達」　http://www.

amazon.co.jp/exec/obidos/tg/listmania/list-browse/-/2XPKZD4834U4R/249-1373249-5220349

私の直接の弟子たちの一部も、私がこういう連中を相手にすることを、総じて嫌《いや》がっている。「先生、ああいうのは相手にしないほうがいいですよ。無責任な人間たちですから」と私に忠告する。本当に親身から出た忠告だから有り難いのだが、私は、そういうことはできない性分《しょうぶん》（性格）だ。どうしてもあの卑劣漢たちの反応と書き込みが気になる。

それで仕事の時間の合間を縫って、やっぱりこれらの悪口サイトを見に行く。それは、中にきらりと光る文章を見つけるからだ。それと出会うのが楽しい。

私はどれほど悪口を言われても堪《こた》えない。もともと、そういう強靭《きょうじん》な人間だったからではなくて、長い間、言論で闘い続けているうちに次第に修練で忍耐力が身について、堪《こた》えなくなった。鈍感に成り果てた、ということではないと思う。

私は、自分で言うのもなんだが繊細《せんさい》な神経をした人間だと思う。初対面の人間に対しては激しい人見知りをする。それで、その激しい人見知りが、どのように現れるか、というと、その初対面の人に向かって、一番、言ってはならない、失礼なことを、つい口走ってしまう。必ず口走ると言っていいほどである。それでこれまでに随分と失敗してきた。このことには強い自覚がある。

私と初対面で挨拶《あいさつ》してもう二度と会わないという人が多い。日本のメディア界（新聞、テレビ局等）の重役クラスの人たちとも挨拶する機会がこれまでにたくさんあった。ところが、その初対面の場で、「あなたの会社は、アメリカの手先をやりすぎた」というようなことを、ついうっかりと言う、などというものではなくて、はっきりと言ってしまうのである。

これで、貰《もら》えるはずのテレビ・新聞に出演・執筆する仕事を随分と貰えずに、そのままになったことがたくさんある。私は、どう転《ころ》んでみてもこういう人間だ。「損を承知で、厭《いや》なことを相手に面と向かって言う。あんなこと、言わなければいいのに」と、あとから、私の奥さんや友人に言われる。そうやって生きてきた人生だ。自分なりにはたくさんの損を引き受け、ある種の税金（愛国税）をたくさん払ってきた人間だと思っている。だから、『生き方上手』というような本（著者は90何歳かの、「偉い」医者の、日野原重明《ひのはらしげあき》・聖路加《せいろか》国際病院名誉院長）を書く人間がいると、ホントに厚かましい人だなあ、と思う。医者で長生きする人はおかしい。病原菌をもっている多くの患者たちに、本気で熱心に接してきたら医者は長生きできない、のだそうだ。私の友人の医者たちがそう囁《ささや》き合っていた。同業者の眼は厳しいのである。

「副島さん、私はあなたの読者です。あなたの本をたくさん読んでいますよ」と、慣れ慣れしく私に語りかける者たちがいる。特に出版社の編集者や新聞記者やテレビ局のディレクターのような業界人である。それで、「それはどうもありがとう。では、私がネット上に開いている『学問道場』の会員になっていただいていますか」と私が尋ねると、「いやあ、そこまではちょっと」と言う。私はこういうタイプの人たちが好きではない。いわゆる業界人間だ。私は会員になってくれる人たちを一番大切に思っている。

## 理科系人間の洗脳された脳ミソに遠隔操作でヒビを入れてやる

どうやら「学問道場」の会員になってくれた皆さんの多くがかつて、副島隆彦の『属国・日本論』や『ハリウッド映画で読む世界覇権国アメリカ』を読んだ時の、脳に受けた激しい衝撃と同種のものを、今回の「人類の月面着陸は無かったろう」論で、会員の中の理科系の大学院生や、技術者、研究者たちが受けたらしい。今回は、文科系ではなくて、日本の理科系の人間たちが、大きな真実に、まともに正面からぶつかってしまった。それで、この日本の優秀な理科系の勉強秀才たちの脳にヒビが入ったようになって、今は、数百人規模で、熱にうなされている状態なのだろう。だからその一部は、私の読者であることをやめて脱落した。まさしく、映画『マンチュリアン・キャンディデット』（邦題『影なき狙撃者』）の私の本の解説そのままのすごさだ。洗脳（brain《ブレイン》 wash《ウォッシュ》 あるいは mind《マインド》 control《コントロール》）状態から脱出しようとする時の脳の激しい痛みのようなものを体験している際中なのだろう。

私は、この1週間、この日本の理科系の若い人間たちが、自分の脳に受けた衝撃、障害の、その反射の、照り返しのようなものを自分でも受けとめて、もがき苦しんでいた。私は、相当に、彼らの脳にかわいそうなことをしたのではないか。**絶対に暴いてはならない世界規模での真実を、公然と自分の責任主体を賭《か》けて、こんなにもあからさまに書いてしまったため**に、それで衝撃が走ったのだろう。

私は、現在にいたる、全ての事態を完全に掌握《しょうあく》している。会員たちから寄せられてきたメールも全て、はっきりと自分の脳の中で整理分類している。私への憎しみも露《あら》わに、「副島隆彦の、副島教団の、グル（教祖）副島隆彦から、さっさと離脱しないと、弟子や信者たちは危ないぞ」という角度からの書き方をしてくる者たちが大勢出現した。この者たち自身が、相当に自分の脳内に、「大きな真実を知ってしまいそうで恐《こわ》い」という恐怖感を伴う激しい動揺を起こしていることが私には手に取るように分かった。

ですから私は、そのうち「日本の理科系の人間たちの脳に、副島隆彦の『人類の月面着陸はなかったろう論』が与えた深刻な衝撃について」も書かなければならない。

日本の「科学少年」たち（の後《のち》の姿である、大人になった理科系の人間たち）の脳に深刻な問題が起きつつある、**アメリカの1969年から1972年のアポロ計画は、大捏造《ねつぞう》事件であり、人類の全てを騙《だま》し続けている巨大な権力犯罪である。NASAというアメリカ政府の軍事宇宙開発部門の大組織の暴走であった。**ということが、真実である、ということが、少しずつ明らかになったら、その時は、世界中で理科系人間たちが集団的な急性アノミー症状（大きな秩序観の崩壊）を引き起こすだろう。**「もし、副島の言うことが本当だったら、俺たち、技術者のアイデンティティや世界観が壊れる」**とはっきり書いた人がいる。「ちくしょう……副島め」とうめき声のような投稿文を酔っぱらいながら書き込んでいた文章等も私は細目にわたって採集している。

事態はまさしくこの方向に向かうだろう。これは大変なことだ。しかしそれでも今回の事態は一応、沈静化する。ネット上での騒ぎとして一定程度の広がりをみせた後に収束、収斂《しゅうれん》する。だがしかし、この騒ぎはその後再びじわじわと大きくなってゆく。この疑惑の騒ぎは、もう止《とど》まることはないだろう。いくらアメリカ政府が圧力をかけて世界中に広がる噂《うわさ》を各国のメディア（新聞、テレビ）に、ひとりずつ係官を派遣して押しつぶすとしても（現にやっている）、もう押さえつけられなくなりつつある。

類推で言えば、日本が59年前に、アメリカ（および連合国側）に敗戦した直後に天皇陛下がマッカーサーと並んで写っている（タキシード姿の、猫背の背の低い男＝昭和天皇、がそこに写っていた）写真を無理やり進駐軍（占領軍）に公表されて、それで、「人間天皇」だということになって、日本国民が集団的なアノミー（無秩序感）に陥ったことに似ている。戦争を死ぬ気で戦った日本国民を巨大な脱力感が襲い、「自分たちは騙《だま》されていた」という憤怒《ふんぬ》の感情が起こり、自暴自棄になったり自閉症になったりした者たちが、数百万人単位で出現した。あの日本の敗戦直後の急性アノミーについては、小室直樹《こむろなおき》先生がずっと研究した。それと、同じものが、今度の私の「人類の月面着陸は無かったろう」論に対する反応に見られるのである。事態は深刻である。

同じく、１９９１年12月に、ソビエト共産主義が崩壊した時に、マルクス＝レーニン主義の共産主義思想が現実に妥当しない、サイエンスとは無縁な宗教であり狂信でしかなかったことが、ロシア国民やその他の東欧はじめ世界中の共産主義者に与えたアノミー（自分の秩序観の崩壊）と、自己の主体性（アイデンティティ。自分とは何者か）の崩壊感覚が生まれた。

しかも今回の「月面着陸問題」は、これまでの文科系の政治、経済、金融の問題とはちがう。文化・芸術の問題でもないし、あれこれの社会問題《ソシアル・イシューズ》の類とも異なっている。文科系の学問の世界は、元々厳密に検証できないことがほとんどだから、学説や主張がバラバラであり、まとまりがない。だから優劣もつかなければ真偽の決着もつかないことがほとんどだ。だから世の中にはいろいろな考えがあって、どれを選ぶかはその人の勝手である。これが文科系の世界だ。お互いが本当に同じ政治学や経済学を専攻しているのかと思うぐらいに考えていることがちがう。ちがっても構わないことになっている。ひどいものだなと思うが、文科系の学問世界はそこまで崩れている。ところが、今回の「人類月面着陸問題」はそういうわけにはゆかない。どうせ必ず白黒決着がつく。真実はやがて明らかになる。この問題では、副島隆彦の考えが、一番、参考になるとか「説得力が足りない」というような問題でさえない。どの理論を採るかはその人の自由であり、突き詰めれば人の好き嫌いの問題だ、といういわゆる「神々の争い」を許容する社会学問《ソシアル・サイエンス》の文科系の流儀では済まない。「それはあなたの考えだろ。私は賛成しない」では済まない。問題は、まさしく理科系の自然学問《ナチュラル・サイエンス》の領域の真偽《しんぎ》の判定にかかることだ。

## 巨大組織は暴走する

巨大組織は暴走するのである。そして一端暴走が起きるとその暴走を止められなくなって、組織崩壊にまでゆきつく。今のＮＡＳＡ（米航空宇宙局）がまさしくその症状を呈している。次に引用するのは、松浦晋也《まつうらしんや》氏の文である。松浦氏は最近、『国産ロケットはなぜ墜ちるのか―H－ⅡA開発と失敗の真相』（日経BP社、2004年刊）を出版している。

このようなスペースシャトルの設計上のスジの悪さは、すでに1986年1月のチャレンジャー事故の時点ではっきりと認識されていた。しかしその後NASAは、機体の改造と運用上の注意でカバーしようとした。これまでの17年間、致命的な事態を起こさなかったことからして、NASAの努力はある程度成功したと言えるだろう。しかし、再度、事故は起きた。設計上のスジの悪さを運用でカバーすることには無理があったのだ。

NASAが巨費を投じてそのようなスジの悪い宇宙船を開発してしまった背景には様々な理由がある。そもそも地球周辺軌道を飛ぶだけの宇宙船を、月までを往復するアポロ宇宙船と同じ規模で考えてしまったこと。アポロ計画以降宇宙開発に冷淡になった米議会から開発に必要な予算を獲得するために、「なんでもできます」と宣伝しなければならなかったこと。それでも足りない分を国防総省が出すことになり、軍事目的に使うため設計へあれこれ口を挟んだこと――いずれにせよNASAにとって完成したシャトルは「なんでもできる万能宇宙輸送システム」でなくてはならなかった。でなければＮＡＳＡが嘘をついたことになってしまうからだ。

（日経ＢＰ社「BizTech」２００３年２月７日号）

松浦氏は、ここでＮＡＳＡというアメリカの政府機関が、自分たちの予算を確保するために、なりふりかまわず動いていることをそれとなく書いている。松浦氏は日経ＢＰの記者だったが、日本のロケットがなぜ次々に奇怪な打ち上げ失敗を続けるのかも追跡調査している。スペースシャトルは、今のテクノロジーであれば使い捨て型でよかったはずなのに耐久性のある宇宙船製造にこだわったために事故につながったことを書いている。そして今もＮＡＳＡの組織としての暴走は止まる気配がない。今やＮＡＳＡは「子供たちの宇宙への夢」はそっちのけで、国防総省の付属の軍事研究機関（兵器開発専用）に純化しつつある。こういう巨大組織の暴走を阻止するには、それが始まった原因を究明しなければならない。そこにアポロ計画が横たわっている。

## 人類の月面着陸は有ったのか、無かったのかは事実の問題だ
## ——有ったことの証明責任はNASAにある

人類は、本当に、1969年7月に月面に到着したのか、それとも、月面到着は、欺瞞《ぎまん》の捏造《ねつぞう》であったのか。その、事実（fact　ファクト）が争われている。だから、副島隆彦の書いていることを信じるのか、信じないのか、という問題ではない。私の人格が疑わしいから主張を信頼できない、ということではない。そうではなくて、ひたすら「人類の月面着陸は有ったか、無かったか」の事実に関わって、全ての人に突きつけられている問題だ。この一点だ。「それは証明できるはずがない。反証も不可能だ。それではアポロが月に行ってないことの証拠を見せろ」というような、それこそ水掛《みずか》け論に持ち込まれること、そのこと自体がアメリカの思う壺《つぼ》である。

全ての、証明責任はまずNASAにある。「アポロ計画は本当にあって、それを自分たちが1969年に実行して、飛行士を月面に到着させた。そして、連続6回、無事に地球まで帰還させることにも成功した」という事実についての存在証明あるいは証明責任は、全てNASAにある。この一点だけは、今日、はっきり書いておく。

それに対して〝人類の月面着陸は無かった〟ことを否定派（捏造主張派）は証明せよ、というのは、それ自体が成り立たない。「現に在った、有る」ということを証明する責任が、行政主体であるアメリカ政府にはある。国民の間から個々の行政行為に対して**疑惑を提出されたら、どこまででも、誠実にアメリカ政府（の一部としてのＮＡＳＡ）は、証明しなければいけない。それができないということになれば行政責任を問われる。そしてもし虚偽の行為を行なっていたら国民への背信行為として、アメリカ国民に対する国家犯罪となる。**だから月面着陸捏造主張派（ＮＡＳＡ否定派）は、疑義を提起しつづけさえすればいいのである。「あることが無かったことの証明」など、法律学（就中《なかんずく》、訴訟法学）では、第一義的にはする必要はない。

もはや私は、この月面着陸問題から逃げられなくなった。乗りかかった船である。このあともイラク戦争や、北朝鮮問題、アメリカ政治分析、金融・経済分析などの問題について書くが、同時に、この「日本の理科系の人間たちの脳に与えた衝撃」のこともまとめて書かなければならない。

ここの会員の中には、理科系の研究者はじめ、各種の技術屋だけでも数百人がいる。皆さんの考えを、どうぞ「重たい掲示板」に自由に書いてほしい。私は、ここの会員の考えならどんな意見でも丁寧に取り扱います。名無しのごんべえの匿名で、嫌がらせだけの中傷文を書いてくる卑怯者たちとはちがうからです。

自分は、惑星学や地球物理学、ロケット工学や天体の軌道測定の専門家ではないから真偽は分からない、という人が大半だろう。それでも、高校や大学時代に、一般的な知識として宇宙とか宇宙開発のことを学んだはずだ。その立場から自分の意見を自由に書いて下さい。

「人類の月面着陸は有ったか、無かったかには、自分は興味がない。自分は、金融・経済の情報を貰《もら》いたいためだけで、ここの会員になっている」という人は、このままほっておきます。私は、今、ふとしたことから自分が抱えてしまったこの大問題に立ち向かわなくてはならなくなった。そのことを、どうかご理解いただきたい。しばらく、私の「人類の月面着陸は無かったろう」論の続きにお付き合いいただきたい。「副島よ。おまえが、この点では負けているよ。冷静にそう見える」でもいいですから、ご意見を書いて下さい。今のところ私は自分が書いたこと、主張しはじめたことで、これは自分の誤りだ、間違いだ、ということは、一点もありません。

私は、意固地になって、自己正当化に執着する人間でないことを、私の本の愛読者になってくれて、ここに集まってくれている数千人の人たちは、分かってくれているはずです。「副島教団の、グル副島隆彦の信者たち」などという言葉に怯《おび》えないでいただきたい。その場合には、「それでは、おまえ自身は、何教の、何宗を、信じこんでいて、どういう人物をグルにしているのか」と聞き返せばいいのです。

NASA《ナサ》教の、あるいはアメリカ科学宗教の「科学の本」信仰の、理科系の、「科学少年のお坊ちゃま君」でかつてあった、そして今でもそうである者たちとの、これからも続く闘いにおいては、私は、一歩も退《ひ》きません。アメリカが放つ日本あやつり対策班の中の、副島隆彦監視要員の言動については私自身が探索と観測を続けます。

私の尊敬する俳優・監督であるクリント・イーストウッドが、絶妙のタイミングで、アポロ計画の宇宙飛行士を扱った映画をこれから作るという。アポロ11号のニール・アームストロング船長の伝記を使った映画を作るというニューズが届いた。リバータリアン（注Libertarianism リバータリアニズム。アメリカ民衆の泥臭い保守思想を堅持する人々）であるクリント・イーストウッドは、かなり重要な、真実の暴きをこの映画でやってくれるだろう。私は多いに期待する。

## アポロ11号の船長を映画化

米俳優で監督のクリント・イーストウッド（72）が、アポロ11号で人類初の月面着陸に成功した宇宙飛行士ニール・アームストロング氏（72）の半生を映画化することになった。アームストロング氏本人が認可した伝記の映画化権を獲得したもので、全世界で6億人が見たとされる歴史的瞬間を21世紀に再現する。また、もう1本の監督作「ミスティック・リバー」が、14日開幕のカンヌ国際映画祭のコンペ部門に出品される。

1969年7月20日、アポロ11号の船長として月面に星条旗を立てたアームストロング氏。「一人の人間にとっては小さな一歩だが、人類にとっては偉大な一歩である」の名セリフが映画でよみがえる。

アームストロング氏が正式に認可した伝記“First Man《ファースト・マン》”は、ピュリツァー賞候補になったこともある歴史学者ジェームズ・R・ハンセン氏が執筆中。完成は来年の予定だが、このほどイーストウッドの製作会社「マルパソ・プロダクション」が映画化権を獲得した。

米海軍時代に戦闘機パイロットとして朝鮮戦争に出撃。55年に航空諮問委員会（後の航空宇宙局＝NASA）のテスト・パイロットになったアームストロング氏が、後にジェミニ8号で初めて月の周回と標的衛星とのドッキングに成功、そして人類初の月面着陸と輝かしい歴史の数々が描かれることになりそうだ。

イーストウッドは2000年に監督・主演した「スペース・カウボーイ」で、故障が発生した宇宙衛星の修復のためにNASAに呼ばれる元戦闘機パイロットを描くなど、同い年のアームストロング氏への思い入れは強い。今回は監督に専念し、現在は脚本とアームストロング氏役を含めたキャスティングの段階だ。

「アームストロング氏の月面着陸は多くの人が見ているが、彼自身の人物像についてはほとんど知られていない」と語るイーストウッド。早ければ年内にもクランクインする意向で「伝記は、全世界の人々と意義深い体験を共有した私人の半生をたどる物で、面白い映画になる要素を持ったストーリーだと思う」と意欲を見せている。

（スポニチ、2003年5月5日）

さて、クリント・イーストウッドがどのような映像の冴えを見せてくれるか興味深い。彼が気づいていないはずがない。ニール・アームストロング船長は、この35年間ひっそりと隠れ棲むように生きて決して人前に出てこなかった人物だ。「彼自身の人物像についてはほとんど知られていない」とクリント・イーストウッドは語っているのである。

## 「2ちゃんねる　SF・ファンタジー板」で見つけた重要な書き込み

ここから、私がネット上で拾った文章で、これは真実であろうと思われる文章を次々に並べることにする。ある大きな真実に突き当たる気がする。

---

▼名無しは無慈悲な夜の女王：03／03／15　14：09

私の就業先は一応ＮＡＳ◯《原文ママ》Ａなのですが、こうもロケット打ち上げの失敗が続くと来年度の予算獲得に大きく影響します。国民の疑念や不平不満に大きく左右されます。当然、事業団内での職員の給料やその他の就業人員にまで影響が及ぶことを免れません。つまり国家機関というところは一見華やかそうですが、複雑な利権が絡み合っている世界です。

だから宇宙開発事業という既得権を持っている連中にしてみれば、一時の嘘で予算減額を回避できるのなら、汚い手段だって使うということもありうる。かつて、米国がそれをやっていた、と考えれば、不思議でも何でもない。（毎回やっているとは言ってないぞ！）参考までに、下記ＵＲＬには、深い科学知識不要で容易に真偽

---

判断できる写真と解説が載っています。自分の頭で考えて下さることを願います。http://www4.synapse.ne.jp/t-xxxjc/main/ipo.htm　税金の使われ道に無関心でなければ、疑義だけは持ち続けていたほうがよろしいかもしれませんねぇ。

アメリカのNASAだけでなく、日本のJAXAも「国家機関というところは一見華やかそうですが、複雑な利権が絡み合っている世界」なのだろう。親分と同じような組織暴走を起こさなければいいが。内部から腐敗して崩れつつあるNASAの内情を描いた『ドラゴンフライ』という映像作品もあって、ソビエト・ロシアの崩壊の過程を重ね合わせている。

▼名無しは無慈悲な夜の女王：03／03／10　15：15

おれの叔父さん、円谷《つぶらや》プロの特撮マンだったんだけど、1968年〜1969年渡米して何かしたんだってさ。

ダグラス・トランブルと一緒に、無限宇宙の深遠映像のフィルム再現技術とか真空における強烈な太陽光の空気中における再現とか、2年間、砂漠かどっかの秘密スタジオで働かされていたと言っていた。ところどころ薬物かなにかの記憶障害で覚えて

――ないんだって。ニクソン退陣直後に引き逃げにあって、死んじゃった。――

アポロ計画に日本の特殊撮影の草分けの円谷プロダクションが関係している話は真憑性《しんぴょうせい》がある。とくにゴジラものでピアノ線を使って空中飛行をさせたり大型物体をつり下げたりする時の技術は今でも優れている。

作家の草川隆《くさかわたかし》氏に『アポロは月に行かなかった』(栄光出版社、1970年刊)という古い本がある。この本はアポロ11号の月面着陸の翌年に出された本である。この小説のあら筋は次のようなものだ。

当時、円谷英二《つぶらやえいじ》監督が、NASAから極秘に、アポロ11号の月面着陸のフィルムを作成する際の技術協力を依頼された。円谷監督は、渡米してそのパイロット・フィルムを制作した段階で死去した。弟子たちがそれを完成させたという。前記の投稿文はこのことに対応している。おそらくこういうことだったのだろう。

映像の飛行士たちの動きをいかにも月面らしく見せかけるために、ピアノ線で全身をつり下げて、飛びはねる感じを出す。ピアノ線は画面には写らない。それから例えば、アポロ15号の月面走行車のタイヤにもこの特撮技術が使われている。月面走行車(LRV《エルアールヴィ》 Lunar《ルナ》 Roving《ロウビング》 Vehicle《ビークル》)のタイヤは、普通のゴムタイヤではなくて、ピアノ線だけでできていたそうだ。それで車輪内から地表の砂をかきあげるようにして走るのだ。いかにもそこが月面であるかのように。

---

▼名前：45　投稿日：02／02／09　00：23

言い方がまずかったかな……火星のヴァイキングから送られてきた資料を見ると、変色部分は時に大きな海のように広がったり、巨大な網のようになったりしている。しかも火星の極冠が、夏に小さくなると極地の色彩が暗くなるというのは、偏西風云々《うんぬん》とは異なる現象ではないか？

しかも同時に濃緑色地域が、運河のような模様を描いて拡大というのは、四季の変化による気温の上昇と大気中の水蒸気の濃度上昇による植物相の変化を感じさせると思うが？

ＮＡＳＡが説明すると途端に、そういうデータまで忘れて、全てを偏西風と砂嵐のせいにするのかい？　それならヴァイキングの船体までがピンクになったのも偏西風の影響というわけか？　数年後に同じ写真が白色に修整されたのも、偏西風について解明が進んだ結果かね？

それから私の知人（かなりの年配の人です）は仕事で米国へ時々行っている医学者

---

だ。彼の情報源は、60年代から70年代前半の宇宙開発計画に詳しい退役軍人とのことだ。この知人の話では、宇宙開発の実権は国防省（空軍）の監督下にあり、一般人に公開して見せるものは、主にＮＡＳＡが扱い、極秘のものは空軍の直接監督下で開発するという。このこと自体は特に重要機密でもなんでもない。宇宙開発部門に対する空軍の発言力は、北米防空司令部《ノラド》の存在を見ても理解できると思うが？

　私の知人はこういう状況を指して、「宇宙開発はＮＡＳＡが中心というのはおかしい」と語り、「ＮＡＳＡの宇宙開発は事実上米空軍の宇宙開発計画の一部ではないか」と指摘した。まあ、そのことから空軍の保有する技術でも比較的古いものが、ＮＡＳＡの宇宙開発に使われて、それがハイテクだと一般人は思わされているようだ。ヴァイキングにしてもスペースシャトルにしても、所々にやけに古くて低性能の機材や部品が使われているとよく聞く。

　なお、ＮＡＳＡの前身であるＮＡＣＡの記録を見ると、ＮＡＳＡが元々軍用航空技術の研究機関だったことは明白だ。その研究内容から見るとＮＡＳＡは、現在の空軍である陸軍航空隊とのつながりが深いことが分かる。

ＮＡＳＡは平和的な宇宙開発事業団ではない。右の文章から分かるとおり、設立された当初から、きわめて軍事的な組織であり、航空軍事技術開発をするための軍事研究所であることがよく分かる。

## UFOと円盤と宇宙人について

ここで、章末にUFO《ユーフォー》と円盤と宇宙人のことについて私の考えを書いておく。おそらく、UFOや円盤を見た、と騒がれる事件の背景には1950年代からのアメリカ空軍（元々は陸軍航空隊が主流）の垂直離着陸型の飛行物体の開発に関わるものがあるのだろう。NASAができる前から、アメリカ空軍は、各種の円盤状の飛行体の開発をしている。全ては失敗に終わったようだ。ネバダ州の砂漠の「エリア51」Nevada desert "Area 51" には、今も巨大な飛行場があるという。もっと北のほうに移動させたはずだという説もある。60年代からは月面着陸ロケットを開発しなければならなくなったわけだから、なおさら急ピッチで、水平方向に丸い円筒あるいは円盤型のジェット噴射方式の飛行体を完成しなければならなくなった。たて長の棒状のロケットでは垂直着陸は無理だ。ドターンと倒れるに決まっている。だからこの時に作られた各種の試作品が光を放ちながら飛んでいるのを、世界中の航空機パイロットたちがアラスカ上空とかで目撃したのだろう。日本航空の荷物便のパイロットも目撃している。
その後、NASAと米空軍は、「UFO神話と宇宙人話」を逆手《さかて》にとって、それで超自然現象として、世界中の人々を「不確かさの故の」煙《けむ》に捲《ま》く戦術に出たのだろう。ロズウェル事件など数々のUFO（未確認飛行物体）話が次々と作られた。私は地球外生命体（宇宙人）の話など微《かす》かにも信じない。勝手にやってくれである。

このアメリカ空軍の円盤開発は1950年代にネバダ州で大爆発事故を起こしているらしいが公表されていない。円盤開発の責任者は、ホイット・ヴァンデンバーグ将軍であったようだ。ヴァンデンバーグ将軍は、第2次大戦中に「戦略爆撃」（Strategic《ストラテジック》 bombing《ボミング》）の思想を作ったカーティス・ルメイ将軍の4人の愛《まな》弟子のひとりである。カーティス・ルメイの戦略爆撃（空軍力重視）思想で、広島・長崎の原爆投下をやったのだ。日本本土初空襲のドゥーリットル将軍のドゥーリットル隊もそうだ。ドイツのドレスデン爆撃もそうだ。今のアフガニスタンやイラクへの爆撃もこのカーティス・ルメイの戦略爆撃思想（空爆で敵を皆殺しにしろ）で動いているのである。

このカーティス・ルメイに敗戦後、日本国は、天皇陛下の名前で「勲一等」を授与している。無惨なものである。

ヴァンデンバーグ将軍は第2次大戦後の任務として「円盤開発」に従事したのである。

そして失敗した。真空、無重量の衛星や惑星への垂直離着陸（軟着陸）は、今の爆発力推進型エネルギーでは無理なのである。

第五章

# ＮＡＳＡよ「有人月面着陸」を再現しなさい！

## 「科学的証明とは実験による再現性のことである」衝撃など受けていない、理科系読者からのメール

副島隆彦です。今日は、2003年5月11日です。

会員から、以下の優れたメールをいただきました。これこそは、「サイエンス（近代学問）とは何か」を指し示すもっとも簡潔な定義《デフィニション》についての説明文であり、それを誠実に実行する態度、姿勢です。

ここに学問（サイエンス）をする、ということの意義が書かれています。端的に言えば、それは自分の頭で考えて、自分で調べて、自分で実験して、そして確信を得る、ということです。そして疑わしいものについては、分かったふりをしないでずっと考え続けるということです。

ちなみに、私は、サイエンス（science ラテン語なら scientia スキエンティア）を、「科学」と訳すのが大嫌いです。「科」の「学」、一体何の意味だ？ そこでずっと「学問、近代学問」と訳して使い続けています。そうすると、scientist サイエンティストのほうも「科学者」という訳語を使いたくなくて、そのために長年自分で勝手に不便を感じて困

っています。「近代学問者」ではどうもよくありません。それで仕方なく時々は、「科学者」を使います。

私は、ナチュラル・サイエンス natural science は、「自然（についての）学問」、ソシアル・サイエンス（social science 政治学、経済学、社会学の総称）は、「社会（についての）学問」と書きます。「自然科学」、「社会科学」という言葉を、極力使いたくない。

次の文が大変すばらしい。

---

▼From：＊＊＊＊　To：GZE03120@nifty.ne.jp Sunday, May 11, 2003

Subject：〈ぼやき〉を読んでの意見

副島隆彦様へ

購読会員番号＊＊＊＊の＊＊＊＊です。

いつも楽しみに読ませていただいております。〈ぼやき〉で副島先生が、「会員の中に数百人の理科系の人々がいるので、意見を書いてほしい」と書いておられましたので、私自身、理科系の人間なので意見したいと思いたちメールを送らせていただきます。

意見の主旨は、「まともな理科系の人間は、月面着陸問題に衝撃など受けていない」

---

ということです。

私自身の経歴を書きますと、京都大学農学部から大学院の修士課程に進み、その後、企業で商品開発の仕事をしております。

以下に、「まともな理科系の人間は、衝撃など受けていない」その理由を書きます。

私が理科系の人間として、大学で研究（実験）を始めるに当たって、厳しく教育されたことがあります。それは、**「科学の世界では、再現できないものは真実ではない」**ということです。これは、世界中どこでも教えられる科学界の常識です。一般に、物理であろうが化学だろうが生物だろうが、科学者として研究なり、実験なりを発表するに当たってこの「再現性」ということが厳しく問われます。

「再現性」というのは、簡単にいうと、「これこれの、この条件でこの試薬とこの機械を使ってこの方法で行なうと、誰がやっても１００％これと同じ結果になる」ということです。

この条件を満たさないものは、科学の世界では事実と認められることはありません。もちろん、科学雑誌なり学会なりで研究を発表する場合は、この「再現性」を満たしていることが最低条件として要求されます。そのため、一般的な科学論文には、必ずMaterials & Methods《マテリアルズアンドメソッド》「実験試料と実験方法」という項目があり、そこには「○○社製の○○という試薬を用い、○○社製の○○という分析機器を使用して、○○という方法で行なった」ということが厳密に記されている。そして世界中の誰もがこの科学論文に従ってさらに同じ実験で追認（別の人が別の場所で実験して再現できる）ようになっています。

この**「再現性」のない内容について、科学雑誌なり学会なりで発表を行なった場合は、その人間は、科学の世界では「インチキ」扱いされます。場合によっては学会追放などということもあります。**いずれにせよ「再現性」のないものが科学の世界で信じられることはありません。

以上のような背景がありますので、「科学の世界で、○○は事実（真実）か否か？」という命題に対する答えは簡単です。「再現できるかどうか？」ということで簡単に結論がでます。再現できれば事実であり、再現できなければ事実でない、嘘《うそ》ということです。ですから議論になりようがありません。「今日は調子が悪いから再現できない」とか「今は時代が違うから再現できない」とかいうことは科学の世界では認められません。世界中の誰がどこでやろうと同じ条件でやれば同じ結果になる、ということだけが事実（真実）と認められるのです。

今回の**「人類の月面着陸が可能か否か」ということに関する科学的な判断も同じで**

す。**再現できれば事実であり、再現できなければ事実でない、というだけのこと**です。

再現できるというのは、上に述べたように、「○○社の○○という機械を用いて、○○という原料で○○の方法で○時○分に発射すると、○時○分について、……」この方法でやれば誰がやっても月に行って帰ってこられるというようなことです。

映像が嘘っぽいだのということは、科学の世界で事実かどうか判定する根拠には全くなりません。何度も言うように、科学の世界で事実かどうかという判断基準は、「再現性があるかどうか」ということ以外にありません。大先生が言おうが、日本政府が発表しようが、アメリカ政府の発表だろうが、「再現性」がないものは事実ではないのです。

副島先生の使う理科系という言い方には何かひっかかるものを感じますが、普通の自然科学の教育を受けてきた人なら、過去に真実と信じていたものが、のちに間違いだと分かったという例が多々あることは常識として知っています。

また、世間一般には信じられているものが、科学的には全く根拠がないものがたくさんあることも知っています(たとえば、こげた魚を食べたらガンになる、とかいうようなことです)。そんなものはその根拠となる論文を見て再現してみれば、簡単に嘘かどうか判断できます。

今現在、学校で教えていることでも、間違っていることがたくさんあることも私たちは知っています。まともな理科系の人間なら、政府（厚生労働省だの、農林水産省だの、文部科学省だの）の発表がいかにいい加減かということもよく知っています。

とにかく、「再現できないものは事実（真実）ではない」というのは、理科系（科学者）の考え方の最初の第一歩です。科学技術というのは、つまりは、この「再現性」を出す方法のことです。だから、**「人類の月面着陸は無かった」とかいうことで衝撃を受ける人は、まともな理科系の人間にはいない、**のではないかと思います。

以上、意見を書きました。科学の世界で「事実」とは、信じるか信じないかで判断されるものではなく、再現できるかどうかで判断されるものです。

副島先生は、このようなことで労力を使わないで、政治、経済、国家戦略のほうでのご活躍を期待しています。

**35年前にできたのだから、今なら簡単に行けるよな。行ってこい**

メールをありがとうございます。あなたは、偉い。これぞまさしく、モダン・サイエンティストです。

だから、私は、１９６９年の人類の月面着陸が事実ならば、それを再現してみろ、と書いてきたのです。私は、自分が書いた「人類の月面着陸は無かったろう」論が引き起こしている議論において、だから「人類の月面着陸を、今、再現してみろ」と言い続けます。**「アメリカ政府とＮＡＳＡは、再度、宇宙飛行士を月面に着陸させて、そして、そして連れ帰ってきなさい」**と主張します。

それから、**「月面に、６箇所残っているはずの、到着時の着陸船の残骸《ざんがい》や月面走行車や残してきたはずの機材や旗を、超高性能の光学（式）望遠鏡で、写して、その写真を世界に公表せよ」**と主張します。

さる地球物理学を専攻した人に、先日、私はこの件を、聞きました。それに対する返事はこうでした。「普通の光学望遠鏡では月面の人工物の残骸は見えないが、ハッブル宇宙望遠鏡だったら確実に見えるだろう。ところが、アメリカは、『月の表面は明るすぎるから』とかなんとか理由をつけて、月面を写そうとしないんだよ。変だねえ」と、その人は言いました。

アポロ計画は大成功で、１９６９年から１９７２年にかけて、３年半の間に連続７回、月ロケット打ち上げに成功して、６回は月にロケットが無事軟着陸して合計12人（各２人ずつ）を月面に立たせた。そして、数時間から３日間（！）も月面で活動させて、そして石などを採集して、再発射して、月の軌道上で周回しながら待機していた「司令船＋機械船」とドッキングして、それから地球に向かい、地球の軌道に乗った後、大気圏突入して7回全て、21人全員を、地球まで生還させた（月着陸直前に事故を起こしたとされるアポロ13号も無事帰還した）ことになっている。この事実を、今、再現し、再度、われわれ地球人類の見えるところでやってみせてくれ、と私は主張しています。

「今から35年前にそれができたのだから、今なら、もっと簡単に行けるよな。技術もずいぶん進歩したことだろうから。だから行ってこい」と言い続けます。

**この人類月面着陸問題は、私の残りの人生を賭《か》けた大きな闘いのひとつに、図らずも、なってしまいました。**それも、たかが、この日本国という世界全体から見たら、ポツンと小さな島国の中の持ち場での議論に過ぎません。世界各国に、私と同様の主張を先駆的にしている人々が大勢います。その人々の本を読んで、後追いをするのが、私には精一杯のところです。やがて彼らと連携して、私がこの問題での日本代表ということになるでしょう。

貴兄は、「科学的証明とは、実験による再現性のことである」と大変優れたことをきっぱりと表明しました。このことは、ある理論や企《くわだ》てが、後に、他の学者たちによって、「厳密に、同一条件で、同一方法で、実験してみて、同一結果が生じること」の追実験

（追試）で、その理論や、企てあるいは発見が、真実であることが証明されるということです。

日本の大学の理科系（理学部、工学部）の教育の1年生の教育では、この「実験の大切さ」を叩き込まれると私は聞いています。これは優れた教育法だ。実験《エクスペリメント》の授業では、学生が、**自分でやった実験の結果や、目視した物、それから、実験の結果（成果）として得た数値などを、絶対に、ごまかしたり、改ざんしたりしてはならない**、と教える、という。当たり前のことのように思われるが、この実験と観察の、初歩の訓練はきわめて大切である。自分の実験の結果が、当初の予測から、どんなに外れていても、失敗に終わってもそれでも出現したおかしな結果や数値を、そのまま、正直に書いて、教授に提出しなければならない。これが、理科系の教育の良さである。この一点で日本の理科系の学部は優れている。これだけ日本の大学教育の実情がひどいことになっており、見るも無惨な現状なのだが、それでも理科系の学部では、まだ、この実験と観察の方法学（メソドロジー）が生きている。これが、日本の優れた技術者を大量に育てた原因だろう。

それに対して、**日本の文科系（社会学問系）は、悲惨である。自分で何か仮説《ハイポセシス》を立てて、それを実験的に考えて、現実の事象に適用してみて、自分の頭で苦労して考えて、そこから何かを導き出す、という訓練など、全く誰も、誰からも、全く、教えられていない。**

頭の悪い日本の大学教授たちが書いた、どうしようもない硬直した教科書や、自分の思いつきを書きなぐっただけの本を、ただ読まされる。あるいは寝言のような自分勝手な考えを、講義と称してひたすら聞かされただけだ。日本の大学の文科系の教育は腐り果てている。

文科系の学問は、学問対象が、社会や国家や、人間集団だから、簡単には実験の対象にできない。このことを言い訳にして、それで、欧米で作られた理論をただそのまま「換骨《かんこつ》奪胎《だったい》して」（つまり日本語という言語に置き換えて、泥棒して）「和魂洋才《わこんようさい》」で垂れ流しているのがほとんどだ。

## 近代学問において「検証する」とはこういうこと
## ――ガリレオ、コペルニクスの「地動説」と「人類月面着陸」

今日は、これから、科学史（近代学問の歴史）の話をしようと思う。ある事柄の検証《テスティフィケイション》のための、実験《エクスペリメント》と観察《オブザベーション》と証明《プルーフ》ということについて考える。「正直に自分が見たものだけを報告する」というヨーロッパの天文学の発達の観点から見た、科学史（学問の歴史）と、私たちが目下抱えている人類月面着陸の問題を類推してみます。

ヨーロッパ近代科学史では、ガリレオ・ガリレイの役割がやはり重要である。１６１０年に、自分が発明した望遠鏡なる物（より正確にはその2年前に別の人が発明したそうだ）を使って、木星の4つの衛星（イオ、エウロパ、カリスト、ガニメデ）を「見た」。その時に、ニコラウス・コペルニクス Nicolaus Copernicus が提出していた地動説《ちどうせつ》を証明したことになった。この事実が典型である。このことが、当時のヨーロッパの最先端文化地域だったフィレンツェ（フローレンス）で大騒ぎになった。それで、ガリレオは、ローマに呼び出されて神学者（宗教家、カトリックの高僧）たちから宗教裁判（ordeal オーディール）にかけられる。１６１５から１６１６年のことだ。

この時、ガリレオは、異端審問にかけられて投獄されることを恐れて、自説を撤回している。その時、ガリレオが、「それでも地球は動いている Eppuri si muove《エプリ シ ムオベ》.（あるいは、「太陽の周りを回っている」）」と言ったとされていますが、それはのちにドイツの劇作家のブレヒトによって作られた劇中の言葉だ。ガリレオは、１６３２年に再度ローマに呼び出され、やっぱり投獄、幽閉されている。そのあと両眼を失明して死んだのは１６４２年です。

ここではガリレオが行なった追試験と、証明のための実験が大事だ。ガリレオが、１６１０年に、自分で作った望遠鏡による天体観測 astronomical observation《アストロノーミカル オブザベイション》 によって、ガリレオが木星の4つの衛星を「目視した」その時に、コペルニクスの地動説（the heliocentric theory of Copernicus ザ・ヘリオセントリック・セオリー・オブ・コパーニカス）が証明された。

この「追試験による証明」のことを、ある事柄が真実であることの検証証明（verification ヴェリフィケイションあるいは、testification テスティフィケイション）という。あるいは証拠試料を用いて、ありありと実験再現する場合はデモンストレイション demonstration ともいう。同一条件で、実験結果を再出現させる、という意味ではリプレゼンテイション representation とも言う。

これらの検証を、だれもが、どこでも行なって確認することが、まさしくナチュラル・サイエンスのサイエンティフィック・ファクト scientific fact「学問的な事実」の証明になる。そして実験や検証作業の途中で、ほんのわずかでも嘘やごまかしをしてはならない。

ガリレオが検査証明したコペルニクスの地動説は、彼の死の間際の1543年に、ニュールンベルグで弟子たちによって出版された。彼が生きているうちに地動説を発表すると、宗教裁判にかけられて投獄されることが明らかだったからだ。それは、『天球の回転について』“De Revolutionibus《デレボルチオニブス》 Orbium《オルビウム》 Coelestium《コエレスティムウ》, 1543”という本である。

この本が、それまで支配的な考えだった天動説《てんどうせつ》（the Ptolemaic system《ザ・プトレマイック・システム》 プトレマイオス学説による世界・宇宙モデル）をひっくり返し始めた、ということだ。このポーランド人のコペルニクスによる地動説の発表（1543年）から、ガリレオの1610年の木星の4つの衛星（後に、これらは the Galilean satellites ザ・ガリリアン・サテライツと呼ばれる）の目視（だからこの瞬間が、天動説の崩壊の始まりである）による証明あるいは少なくとも傍証まで、67年かかっている。

この間にヨーロッパの全域で何があったかというと、ティコ・ブラーエ Tycho Brahe というデンマーク人の天文学者と、その助手をつとめたヨハネス・ケプラー Johannes Kepler の努力がある。ケプラーは、若い神学生だった時に、1590年頃に、自分の先生のメストリンから、コペルニクスの『天球の回転について』という論文によって明らかとなった地動説を、天文学者の仲間うちの話として密かに聞いている。それで、1600年にプラーハに移ってティコ・ブラーエの助手になっている。

コペルニクスの地動説（the heliocentric theory ザ・ヘリオセントリック・セオリー）を広めようとした改革派の神学者のジョルダーノ・ブルーノが、火あぶりの刑になったのも1600年である。日本では、関ヶ原の合戦が起きた年だ。

ということは、全ヨーロッパの初期の知識人（当時はまだほとんどは修道院僧《モンク》か、神学《シオロジ》者《スト》たちだ。そうでなければ生きられない時代だ）の間では、ひそひそと、地動説が語り継がれ広まっていたということだ。ローマ教会を支配していた考えである天動説が、教会の足元から掘り崩されていったのである。

ティコ・ブラーエは、デンマーク国王フレデリック2世や、神聖ローマ皇帝を名乗っていたドイツのルドルフ2世（大公）の庇護《ひご》を受けていた。彼らの庇護の下、精密な天文観測をやっていたために、どうしても天動説を信じられなくなった。その理由は、惑星たちが動くことによって生じる〝恒星の年周視差〟が生じていることが観測されたからだ。それで、「地球の周囲を動く太陽と、その太陽の周りを回る惑星群からなる宇宙（＝世界）」というモデルを作った。

この研究を引き継いだのが助手のケプラーである。ケプラーはそれを後に修正して、ティコ・ブラーエが残した膨大な観測資料を使って「諸惑星の軌道の形と、その運動法則」を発見した。これが、ケプラーの3つの法則（1609年および1619年）である。これがニュートンの万有引力の法則の発見（大著『プリンキピア』で1687年に書かれた）につながる。ケプラーは、プロテスタントであったので、その後、激しい宗教弾圧を受けて妻子を失い、諸都市を転々として逃げ回り貧困と苦難の中で死んだ。1630年だ。

このようにティコ・ブラーエとケプラーの努力と、ガリレイの「望遠鏡による惑星と衛星の目視」と、コペルニクスの地動説の登場が、ローマ教会の権威に抗議するプロテスタント運動と並行して、初期のモダン・サイエンティスト（近代学問者）たちの真理のための闘いであった。

ガリレオは、フィレンツェ大公であるメディチ家のコジモ2世 Cosimo II にかばわれて保護されていた。だから、簡単には火あぶりの刑には処せられなかった。それでも投獄されている。

ルネ・デカルト（1596〜1650）は、フランスにいてこの頃、ガリレオが弾圧されているという噂を聞いて、恐《こわ》くなって、1633年に出版するつもりだった処女作の『宇宙論』の出版をあきらめている。だからデカルトは、「仮面の哲学者」と呼ばれた。すなわち、自分の考えていることを、率直に言うことをあきらめて、「仮面をかぶったままで」上手に生きたのである。だから『方法序説』以下の主著は、今読むと何を言いたいのかよく分からない本である。

コペルニクスやケプラーまでは神学者であり修道院でしか生きられなかった。パトロンになってくれる大貴族がいなければ、初期知識人たちの生活は保障されなかった。ガリレオやスピノザのような都市の市民が、そのまま初期知識人となれたのは、彼らが、レンズ磨き（製造）職人だったからだ。レンズの削り出しや研磨《けんま》は当時の最先端技術者（今のハイテク・エンジニア）の仕事だったろう。きっと望遠レンズは、当時の船の船長たちにとっては死活の必需品であり、ものすごく高価だったろう。なぜなら望遠鏡で敵の船を先に発見したほうが戦いには勝つからだ。

　ちなみに、わが日本国が、世界歴史（世界基準での人類史）に出現することが２回だけある。それは、コペルニクスの地動説が発表された１５４３年で、この年は、日本史では、「鉄砲伝来《てっぽうでんらい》」と呼ばれる。九州の南端の先の種子島にポルトガル船（中国のジャンク船だという説もある）が漂着して、ポルトガル人から地元の領主が、鉄砲を買い取った年である。それから、たったの10年で一気に日本国内での戦国時代の、大量の鉄砲製造につながった。

　ところが、**日本史で言う「鉄砲伝来」とは、世界基準の歴史学では、「日本発見」のことである。**この１５４３年に、私たちのこの「日本が発見された」ということになっているのである。われわれ日本人は、この年に、「ああ、発見されちゃった」のである。これが世界基準からのものの考え方である。

　もうひとつだけ、日本が世界史に登場する。それは、１９０４～05年の日露戦争（The《ザ》 Russo-Japanese《ルソ・ジャパニーズ》 War《ウォー》, 1904～05）である。日本が、世界史に登場するのは、大きくはこの２回だけと、されている。これが世界基準（world values ワールド・ヴァリューズ、世界普遍価値）からの見方である。日本人が勝手に、これを書き換えることはできない。

ここまで書いてきたこれらの科学的実験と証明と検証、追試のことなどを含めて、私は、自分の初期の本であり、政治学なるものの大系を叙述した本である、『決然たる政治学への道』（弓立社から再刊、２００２年）に書いた。この本には、神学（theology《シオロジー》 その下女《げじょ》としての、哲学、数学）と、サイエンス（science 近代学問）との大きな闘いと対立の構図を描いて、「本当は、学問の体系というのはこのようになっているの図」を載せている。

科学的証明のことである前述した真実証明、検証である、ヴェリファイ verify やテスティフィケト testificate や、デモンストレイト demonstrate（図示しながら、ありありと証明して見せること）などについてもこの本で説明した。

## ヨーロッパが打ち上げた月面探査機ではっきり決着がつく

さて冒頭のテーマに戻って私の「人類の月面着陸は無かったろう」論もまた検証《テスト》されなければならなくなった。

それはきっと、ヨーロッパや日本の、月面探査機のロケットによる結果の発表が出ることで判明するだろう。ヨーロッパ諸国が、ＥＵ《イーユー》（European《ヨーロピアン》 Union《ユニオン》 ヨーロッパ連合）というアメリカ合衆国と競争するひとつの連合国となって２００３年９月23日に打ち上げて２００５年２月には月の表面を探査する予定である。アメリカの妨害でさらに延びるかもしれない。これは、ＥＳＡ《イサ》（European《ヨーロピアン》 Space《スペイス》 Agency《エージェンシー》 ヨーロッパ宇宙庁）が打ち上げる月探査機「スマート－１」である。そのロケット部分は、中国の「長征２Ｆ型」ロケットという、大型のアメリカの「サターン５型」並みの大推進力を持つロケット（これは本当は、大陸間弾道ミサイルそのものである）に頼った、即ち、欧州と中国の合同の計画だという説がある。

だから遅くとも5年以内に、このヨーロッパ製の月面探査機の、合成開口レーダーのカメラが月の表面を撮影することになる。そうなれば、月の表面の高度20キロメートルあたりから月の表面の6箇所にあるはずのアポロ11号、12号、14号、15号、16号、17号が放置してきた着陸船の下部、実験装置（地震計と太陽風観測器とレーザー反射鏡を置いてきたことになっている）と月面走行車（Lunar Roving Vehicle ルナ・ロウヴィング・ヴィークル）が精密に撮影されるはずだ。本当に有ればの話だが。それで、全てが判明するだろう。ヨーロッパと中国は、アメリカに対する対抗心で連携して動く。

日本が近く、打ち上げる予定の月面探査機のLunar-A「ルナＡ」とSelene「セレーネ」は、どうせ、アメリカ政府の圧力がかかるから日本政府が真実を明らかにすることを私は期待していない。アメリカの完全属国である日本にはできない。

2003年5月9日に、日本が打ち上げた探査機は、「イトカワ」（天才糸川英夫《いとかわひでお》博士にちなんだ名前だろう）という小惑星の表面を、「1秒だけ」かすって、それで、試料《スペッシメン》すなわち、その惑星の表面の砂か塵《ちり》を、採取して帰ってくるという。1秒だけ地表をかするように接近して、それでノズルを伸ばして金属球を発射して一瞬で試料を回収するという離れ技と、精密な軌道計算を、日本の今のロケット工学は完成しつつある。「もし、成功すれば、米のアポロ計画時に持ち帰った他の天体《てんたい》（a heavenly body ヘブンリー・ボディ）の物質を、史上2番目に手に入れることになる」（新聞記事の表現）のだそうだ。ソ連もサンプル・リターンで持ち帰ったはずのたくさんの月の石の話は一体どうなったのだ？結果の発表に期待したい。

NASA肯定派（人類の月面着陸は当然有った派）と、人類の月面着陸は無かった派（世界中の疑惑提出者たちに同調して、その日本代表には私がなる）のどちらが正しいかは、どうせ近い将来にはっきりするのである。

このあとに全文を掲載する山田宏哉《やまだひろや》君の「ナチュラル・サイエンスは政治に従属する」論は、非常に優れている。こういう文章から上を優れた文章という。

## 「ナチュラル・サイエンスは政治に従属する」この大きな事実から理科系の人たちは目をそらせない

ここから、山田君の「ナチュラル・サイエンスは政治に従属する」論を全文載せます。

---

▼投稿者：山田宏哉　投稿日：2003／05／10(Sat)

山田宏哉です。

初めに断っておくと、私は１９６９年7月20日（月面着陸が有ったとされる日）の真実がどうであったか、現時点では分からない。考える材料を集めている最中だからである。ただ、人類の月面着陸が実は嘘っぱちの政治的演出だったとしても、政治の性質を考えればことさら不思議なことではない、と思っている。

もっとも、私が興味が持ったのはむしろ副島先生の「月面着陸は無かったろう」論に対する多くの理科系の人たちからの激しい反発だった。私はすぐに、**理科系の人たちは「ナチュラル・サイエンスは政治に従属する」という大きな事実から目をそらしたいのだ**、と気づいた。確かにそれはそうで、プロ野球の選手が「野球は玉遊びにす

---

ぎない」と本当のことを言われたら怒るのと同じである。自分の存在を否定されるのと同じだからである。

私は、副島隆彦の理科系の読者たちが、「先生、専門外のことには口を出さないでくれ」という態度が好きではないが理解はできる。この人たちは、副島隆彦が文科系（私の嫌いな言葉だ）の分野で辛辣《しんらつ》なことを書くのは痛快で大好きだ。ところが、「学問の王様は政治学である」みたいな考えで、自分たちの領域に入ってこられては、技術者としての自分のアイデンティティが否定されて困る、と考えているのだろう。もっとも「学問の王様は政治学である」というのは私の確信である。

だが、私は学問や知識に関しては妥協を許さないため、以下、どんなに意地悪に見えようとも「学問の独立」や「自然科学の中立」といった考え方が、いかに理科系の人々の願望にすぎないか、ということを今話題のアポロ計画をたどりながら嫌というほど以下に示そうと思う。

ロバート・L・パークという物理学者（メリーランド大教授、専門は結晶構造）がいて、この人が一般向けに書いた“Voodoo《ブードゥー》 Science《サイエンス》”（邦題『わたしたちはなぜ科学にだまされるのか』主婦の友社、2001年刊）という平易な理科本がある。この中で、米ソの宇宙開発戦争の実態が活写されている。重要で示唆に富む部分を引用しながら「ナチュラル・サイエンスは政治に従属する」という大きな真実を解説していこうと思う。

なお、ロバート・L・パーク自身は、「実は人類は月に行っていなかった」などとは全く考えていない。

ケネディ大統領には、国民が心に秘めている願望を把握する天賦《てんぷ》の才があった。ケネディは、有人宇宙飛行が冷戦の象徴として絶大な意味を持っていることをすぐに見抜き、ウィースナ報告書の忠告を無視して、宇宙計画の焦点を「機械」から「血も肉もある人間」へと――「無人」から「有人」へと――移行せよ、と即座にNASAに指示を出した。

（パーク前掲書152頁）

アメリカは当初ソビエトの1961年のガガーリンによる人類初の宇宙旅行で先を越され焦っていた。本書によると、「ウィースナ報告書」というのが大統領に提出されていた。ウィースナMIT（マサチューセッツ工科大）教授（当時）が長をつとめるこの調査団は、「無人宇宙船のほうが効率よく低予算で活動できる」という結論の報告書をケネディに提出していた。ところが、ケネディは、政治的理由でこの報告書の「科学的見地」からの答申を無視してしまうわけだ。このように米ソの宇宙開発競争はそもそも当初から政治的なものであり、ナチュラル・サイエンス的な色は薄かった。引用を続ける。

それから1カ月もたたないうちに、ケネディは、国民に対して「1960年代のうちに、月に人類を送り、無事、地球に戻すことをお約束する」と明言した。冷戦《コールド・ウォー》という状況下で、それは危険な賭けだった。……

宇宙開発競争において、知識の進歩は二の次であり、国家のテクノロジーを誇示する小道具にすぎなかった。……取るに足りない調査結果がまぶしいばかりの偉業として宣伝され、スペースシャトルの目的は「科学」ではなく「政治」になった。

（パーク前掲書152頁）

パークはここで、宇宙開発は政治であったと、あからさまに書いている。つまりは、「ナチュラル・サイエンスは政治に従属する」という、私が何度も言っていることだ。私は自分の考えの正しさを専門家の権威を借りて証明する、という方法は嫌いだが、思考力の足りない人には効果的だと思う。「1960年代のうちに、月に人類を送り、無事、地球に戻すことをお約束する」というケネディの約束が絶妙のタイミングで守られた、という点も注目に値する。

1969年7月16日、ケネディ大統領の約束は果たされた。信じられないことに、ニール・アームストロングが、地球から約38万キロ離れた月面に立ったのである！　アポロ11号をどう表現すればいいだろう？　それは技術がなしとげた偉業であり、比類なき大胆不敵な行為であった。アポロ11号の月面着陸は、世界支配をめざす米ソ間の闘争を超越し、人類全体にとっての誇りとなり、さまざまな発想の源となり、人類が到達できる高みの象徴となった。

……そのうえアポロ11号は政治的圧勝でもあった。全世界がアメリカの偉業に畏敬の念をおぼえた。

（パーク前掲書154頁）

このように筆者のパークは、アメリカ人として興奮気味に語っているが、案外重要なのは過度の科学信仰を疑う、物理学者であるパークがここでうっかり漏らした「信じられないことに」という一言のような気がする。ここでの「そのうえアポロ11号は政治的圧勝でもあった。全世界がアメリカの偉業に畏敬の念をおぼえた」という部分が見逃せない。確かに、仮にアメリカの月面着陸が捏造だとしたら、このように捏造する「動機」はあったのである。だがこれ以上の詳しい事実は私にはわからない。

だが、アメリカが政治的に決定的勝利を収めた後、せっかくアポロ計画は、ナチュラル・サイエンス的に見れば最も面白く刺激に満ちた時点にまで来たにもかかわらず、アポロ計画はあえなく終わってしまう。アポロ計画は「始りではなく終わり」（前掲書155頁）だった。「科学の精神」も何もあったもんじゃない。

もっとも、私が言いたいのは、何度も言っているように、このようにナチュラル・サイエンスは究極的には政治に従属するものであって、理科系の人たちにはこの問題を見て見ぬ振りをすることは出来ない、ということだ。

この大きな事実を見ずして「私は科学の専門家です。門外漢は黙っとれ」みたいな態度で知識をひけらかさないでほしい、と私はかねてから思っている。

## 山田宏哉の書き込みにショックを受けた横山の投稿

▼投稿者：1836横山　投稿日：2003／05／13（Tue）

私は理系の人間として、山田さんの投稿「ナチュラル・サイエンスは政治に従属する」にショックを受けました。さらに山田氏の**「そもそも理系技術者は一定の政治的利益追求のために、技術部隊として雇われているのだ」**という指摘にトドメの一撃を受けています。

ここできちんと、正しいことは正しいとはっきり認めたいと思います。語弊を恐れず自分の言葉で復唱します。**「理系の人間は、文系の人間に都合がいいから飼われているだけの家畜であり、それを自覚しないで偉そうなことを言うな、何様のつもりだ」**というご意見に、賛成します。

ＮＡＳＡはアメリカの政治的な目的を達成するための機関であり、その予算は全て、アメリカの政治的都合で決定されていることを認めます。ＮＡＳＡのスタッフは全て、アメリカの政治的な都合という枠の中で活動してきたことを認めます。学問の独立や自然科学の中立が建前に過ぎないことを認めます。ＮＡＳＡが、有人の月面着陸を絶対に成功させなくてはならなかったという、政治的な責任・使命の重さを認めます。ＮＡＳＡの資料は必ずしも正しくないことを認めます。山田さんの主張に、間違いはひとつもなかったと認めます。

その上で、私の政治的立場をはっきりさせておきます。

私は、副島先生が、ＮＡＳＡの欺瞞《ぎまん》を暴露することを希望します。**ＮＡＳＡはアメ**

**リカの科学技術の象徴であり、この権威が失墜することは、自分を含め、アメリカの科学技術に対して妄信的に追従している多くの人たちの目を覚ますことになります。**この政治的な効果は絶大です。もちろん、可能性としては、その逆もありえます。

次に、〈ぼやき〉に紹介された人のメール（209頁参照）に関する意見を述べます。このメールの主旨である「まともな理科系の人間は衝撃など受けていない」については心情的に納得できません。しかし、論破する理論的な根拠を思いつきませんので、この方の主張が正しく、私はまともな理科系の人間でないことを認めます。

科学において再現性が重要であることには大賛成です。しかしながら、アメリカの有人月面着陸は、現実問題として、追試できるとは考えられません。アメリカにとって、当面は、政治的にアポロ計画を再現する必要性がありません。前節で述べたこと（=政治に従属する）から、NASAはアポロ計画を再現しません。一方、米国以外が、当時と同じ機材および同等以上の能力のあるスタッフを揃えることは経済的に困難で、技術的には不可能です。アポロの技術は軍事技術であり、核心部分は公開されていませんし、今後も公開しません。各種素材、設計技術、製造工程、運用方法、パイロットや管制官等の訓練、それら全てが国家機密です。機材を受注した企業の解散等により、すでに失われてしまった技術・ノウハウもあります。結局、追試は不可能で、アポロ月面着陸の再現性は証明できません。

ここで、私の技術的立場をはっきりさせておきます。私は、アメリカの有人月面着陸の有無は、過去に残されたさまざまなデータを検証することによってのみ判定できると考えます。これが、まともな理科系人間の考えでないことは、きわめて遺憾《いかん》ですが、再度、認めます。上記の立場に対して、先のメールで主張された「映像や写真では事実かどうかを判定できない」「ＮＡＳＡが提出したデータは信用できない」を適用すると、私の立場では、アメリカの有人月面着陸の有無を科学的に判定することは不可能ということになります。これも大筋で認めます。したがって、私の立場ではお手上げです。ではどうするか。

私は、だからこそ、歴史を検証してきた専門家のアプローチが必要だと考えます。あるいは、訴訟において真偽を判定する方法に精通したスタッフの力が必要だと考えます。ＮＡＳＡの主張する**「有人月面着陸は有ったのだ」を突き崩すには、副島先生のような政治思想のプロが、理科系人間を要員として働かせながら検証するしかないと考えます。**副島先生がこの話題に労力を費やすことに関しては、私は、先生にとってそれだけの政治的価値があると考えます。

私は航空・宇宙工学の専門家ではないし、アポロマニアでもないので、ネットから一般的な情報を探して持ってくるくらいしかお役に立てません。本家のNASAの一次資料をじっくり読む時間もないので、日本の受け皿である、宇宙開発事業団（NASDA《ナスダ》）の、日本語に翻訳された公式資料あたりから引っ張ってくるのが精一杯です。この程度の者ですが、上手に使っていただければ幸いです。先生のおっしゃるように、「乗りかかった船」ですので、できるだけのことはやりたいと思います。ただし、**NASAを相手に、月着陸を捏造だと主張するからには、少なくとも基本的な物理学の知識・データについては完璧《かんぺき》を期す必要があります。**

最後に一点だけ付け加えます。衛星写真等によって、たとえ月面におけるアポロの残骸を撮影できたとしても、それがアポロ計画の成功を証明したことにはなりません。それだけでは月面着陸は実は全て無人だった、という可能性を否定できないからです。有人の月着陸を行なったことをきちんと証明するのに、どの程度の「痕跡《こんせき》」を撮影すればよいのか。ここでも水掛け論がぱっくり口を開けています。

## アメリカ情報公開法を踏まえて月面有人着陸の証明責任を考察する

▼投稿者：伊藤睦月（会員No２１４５）投稿日：2003／05／14(Wed)

伊藤睦月です。副島先生の告発文を拝見して以来、実務家の習性かもしれないが、私なりに、どうやったら真実が明らかにできるか、ということを考えていた。そうしているうちに次の投稿文を拝見した。

アポロの技術は軍事技術であり、核心部分は公開されていませんし、今後も公開しません。各種素材、設計技術、製造工程、運用方法、パイロットや管制官等の訓練、それら全てが国家機密です。機材を受注した企業の解散等により、すでに失われてしまった技術・ノウハウもあります。結局、追試は不可能で、アポロ月面着陸の再現性は証明できません。

ここで、私の技術的立場をはっきりさせておきます。私は、アメリカの有人月面着陸の有無は、過去に残されたさまざまなデータを検証することによってのみ判定できると考えます（中略）私は、だからこそ、歴史を検証してきた専門家のアプローチが必要だと考えます。あるいは、訴訟において真偽を判定する方法に精通したスタッフの力が必要だと考えます。NASAの主張する「有人月面着陸は有ったのだ」を突き崩すには、副島先生のようなプロが、理科系人間を要員として働かせながら検証するしかないと考えます。（前掲、横山氏の投稿から）

私は、ソシアル・サイエンス（政治学）の立場でなく、経験学問《エムピリカル・サイエンス》である法学（The Law《ザ ロー》）の立場から考えることにする。「アポロが月面有人着陸したか」とか「当時そのようなことが技術的に可能であったか」という問題はそのままでは、訴訟《そしょう》物《ぶつ》即ち、訴えの対象にはならない、と考える。裁判即ち、正義の実現とは、

①神 God や宗教 religions に関わらないこと
②学問的事実 scientific facts にも関わらないこと
③その上で、俗世間《セキュラリティ》のことに関し、善悪の判断を下すこと

（副島隆彦『世界覇権国アメリカの衰退が始まる』29頁）

であるからである。そうすると、この訴訟するに値する法律上の利益がない、と判

断されるだろう。また、「アポロの技術は軍事技術であり核心部分は公開されていません」と言われているが本当にそうか確認する必要がある。

　そこで、次のように考え、提案する。
①アポロ計画は、国家プロジェクト即ち行政政策である。
②そうである以上、ＮＡＳＡが所有するアポロ計画に関する資料は、行政機関の記録records《レコード》として公開の対象になる。
③したがって、「アメリカ情報公開法」（ＦＯＩＡ《エフオーアイエイ》 Freedom of information act）に基づき、情報公開請求を行なうことができる。（外国人も請求ができる。請求の理由を言う必要もない）
④そしてその内容をまとめ公表する。
　ＦＯＩＡについては、アメリカ司法省 U. S. Department of Justice のホームページにその概要が載っている。http://www.usdoj.gov/04foia/
　また、ＮＡＳＡ自体も、ＦＯＩＡの対象機関である行政機関としてこれに対応する受け皿を用意している。http://www.hq.NASA.gov/office/pao/FOIA/main.html
　後は、請求するだけ、と言ってしまえば簡単だが、少しでも情報公開の要求効果を上げるため私の公務員としての経験上、次の工夫がいる。

①具体的に請求する。
たとえば、「アポロ有人着陸を立証する資料」を公開してほしいということでは、もちろん受け付けてはくれるが、「そういう名称の記録はない」と回答されるだろう。抽象的な内容だと相手に恣《し》意的に内容を解釈（特定）されてしまう。
②細かく分けて請求する。
上記①に関連するが、できるだけ文書名（単一事項、単一文書で作成されていることが多い）を細かく指定する。
③請求内容を体系的に組み立てる。
たとえば、発射、大気圏脱出、月軌道到達、月面着陸、月面離脱、帰還途中、地球への着陸などの段階ごとに、「事実であることを検証するに絶対必要な事項」を設定し、それに基づき請求する。
④そして段階的に請求する。
現在、副島先生および協力者の方々によって、検証のためのデータ集めをしておられるようだが、それらと今後、ＮＡＳＡに対する請求に基づきＮＡＳＡが公開した（あるいは公開しない）内容と付き合わせる。どういう作業をするかというと、ＮＡＳＡはＦＯＩＡに基づき請求された情報を公開しない、あるいは部分的に公開する場

合は、必ずその理由または、いつの時点で公開できるか、を理由説明しなければならない。

そういう理由が、真実を語っていることが多いだろう。そのために上記①〜③の整理が効いてくる。意図的な情報隠しには制裁措置があり、アメリカ合衆国では、「内部告発者保護法」も制定されている。その内容に不満がある場合には、さらに上級の行政庁への不服審査請求や訴訟ができる。ここで初めて「訴訟」の対象になる。

次に、「公開しない理由」を簡単に紹介する。「アメリカ情報公開法」の日本語訳は、松井茂記著『情報公開法（第2版）』（２００３年、有斐閣刊）による。それではどのような理由で行政庁は拒否してくるか。

①文書不存在
②国家秘密（大統領命令、記録除外、諜報《ちょうほう》活動、国土安全保護）
③内部的な行政機関の規則
④法律除外情報（営業秘密保護法、プライバシー保護法）
⑤営業上の情報（営業秘密、商業上及び金融上の秘密）
⑥行政機関の内部的な覚書

⑦プライバシー
⑧法執行記録（法執行目的、法執行手続の妨害、公平な裁判の剝奪《はくだつ》、プライバシーの侵害、情報源の保護、脱法行為、生命もしくは身体の安全）
⑨金融制度情報
⑩油井情報（石油、天然ガスなどの所在を表す地図）

これらを理由にＮＡＳＡは情報公開を拒否するだろう。

最後に、立証責任について私の考えを書く。アポロ計画が「壮大な実験」ならば、「再現性」の立証責任は、実験を行なった者即ち、アメリカ政府にある。それに異議を唱える側にはない。ナチュラル・サイエンスの立場から言っても当然だろう。

また、「法」の立場から言えば、アメリカ政府は、アメリカ国民を代表する機関として異議を唱える者たちに対し、必要十分な情報を公開していないことにより、「知る権利を侵している」ということになる。これに対する説明責任はやはりアメリカ政府にある。

だから立証責任は、アメリカ政府およびその下部組織であるＮＡＳＡにある。これを「本証《ほんしょう》」という。副島先生を始めとして１９６９年のアポロ11号の月面着陸成功に異議を唱える側は、public（みんなが見ている前）で、国民の側は「本証」が真偽不明であることを示しさえすれば良い。行政機関（政府）に対して真偽不明を証明しさえすればよい。これを「反証《はんしょう》」という。法的な考え方からすればこうなる。世界基準での法および日本の国内法の基準からしてもこのようになる。このことが分からない人とはこの件に関しては議論にならない。つまり感情的なだけの投稿文は削除の対象であると考える。

## ＪＡＸＡ広報部に押しかけてのやりとり

副島隆彦です。人類の月面着陸は有ったか無かったのかの証明責任については、右のように伊藤睦月君が答えているとおりである。その証明責任は、ＮＡＳＡ及びアメリカ政府にある。だから、ＮＡＳＡ肯定派（月面着陸は有ったに決まっている派）の理科系の人間たちが、やっきになって主張してくる「否定派は、月面着陸が無かったことの証明をしてみろ。明らかな証拠を出してみろ。それができなければ、お前たちの負けだ」というのは間違った考えである。論理の筋道が通らない、幼稚な考えであることを彼ら自身が理解しなければならない。

私たちＮＡＳＡ否定派（月面着陸は無かったろう派）は、あくまで、疑問を提起し、異議を唱えさえすればいいのである。「アポロによる人類月面着陸は当然に有った派」は「有ったこと」の証明をしなければならないのである。有ることを主張する場合には、その有ることを証明する必要があるのであって、無かったことを証明する必要はない。

　アメリカ政府に対して疑念を表明し異議を唱え続ければいいのである。証明責任はアメリカ政府（およびＮＡＳＡ）の側にある。政府（行政法学で言うところの行政庁。簡単に言えば行政機関）の一部であるＮＡＳＡは、アメリカ国内に静かに満ちてきている「アポロ疑惑」に対して詳しく説明する義務を負っている。アメリカ国民の側は政府に対して、「アポロ計画の真実を公開せよ」と迫り続ける権利を持っている。だから、人類の月面着陸疑惑を追及している人々は、疑問を提起し続ければいいのだ。そのことは、日本にいる私たちも同様である。

　これを前記の伊藤君が、「本訴」と「反訴」という民事訴訟法学（法律学の一部分）の基本知識を使って説明したのである。自分は理科系出身だから論理的《ロジカル》な思考にひいでていると自惚《うぬぼ》れている人々は、こういう法律学の基本を勉強してみるとよい。「捏造だという証拠を挙げろ。証拠を挙げろ」とこれ以上あんまり幼稚なことは言わないほうがいいだろう。

従って人類月面着陸をめぐってアメリカ政府とNASAを、アメリカ情報公開法で訴えて情報公開を求めてもいいのだ。しかし、返ってくる返事は、おそらく「あなたは米国政府に対して情報公開を求める、〝訴訟適格〟ではない、とか〝訴えの利益〟がない」という理由で、軽く訴えの却下（これを〝門前払い〟と言う）されるだけだ。アメリカ市民がこういう件で情報公開を要求すると実情としてはあちこち黒く抜りつぶした政府文書が送られてくるだけだという。

だから、日本人である私にできることは、宇宙開発事業でNASAの日本側カウンターパートであり、実質的に下請け（これを正式には、「日米宇宙開発技術協力協定」と言うらしい）であるNASDA《ナスダ》（旧宇宙開発事業団。現JAXA《ジャクサ》、日本の「航空宇宙研究開発機構」略称、〝宇宙機構〟）に対して異議を唱えることである。「この月面問題に関してどうして、日本の政府宇宙開発事業体は、そんなにNASAの肩を持って、NASAの下働きのようなことをしなければならないのか」と問い詰める必要が出てくるのである。

だから、ここでこの月面問題で、その接点となり、NASAとJAXAの両組織の関係をとりもっている、JAXA広報部が主催しているホームページ上の「月探査情報ステーション」が公式に果たしている役割は大きいのである。以下に、この点を徹底的に追及する。

私は、この本の執筆の最終段階の、5月7日と5月11日の2回、弟子たちを連れて、東京の浜松町にあるJAXAの広報部に面会約束《アポイントメント》を取ってからでかけた。JAXAの広報部の中村雅人《なかむらまさと》広報部長や、前記の「JAXA月探査情報ステーション『月の雑学』人類は月へ行っていない!?」の主宰者（責任者）を名乗った広報部員の寺薗淳也《てらぞのじゅんや》主幹と会って話した。

宇宙物理学（就中《なかんずく》、惑星学）やロケット工学の素人である私の質問に、JAXA広報部は大変丁寧に答えてくれた。ただし、「NASAとの関係」ということになると、とたんに言葉が重たくなるようだ。私は率直に聞いた。「一体、JAXAからNASAに平均で年間何十人（何百人?）ぐらい派遣され出向で行っているのですか？　宇宙飛行士たちを含めて」　中村部長の回答。「NASAの施設への長期の通行証《パス》を持っている人は10人ぐらいです」

「資金協力の面でJAXAからNASAに1年間にどれぐらいの金額が支払われているのですか?」「細かい金額は詳しく調べてみないと分からない」

「どういう研究者や技術者がNASAのテキサス州ヒューストンやマイアミ市ケープケネディの開発本部に派遣されているのですか。人物名を教えてほしい」と尋ねた。答えは、要を得ない。「あとで調べてご連絡します。こちらの好意でやってあげようというのですから」という感じである。私が、「だいたいの大まかな数字でいいのです。金額と人間交流のことでいいのです。大雑把でいいですから」と私が畳《たた》み込んでも、ＮＡＳＡのことになると口を濁す感じになる。日本の宇宙開発に情熱と責任を負っている立派な人たちではある。

「あの『バッド・アストロノミー』"Bad Astronomy" サイト（本書73頁）を作成して運営しているフィル・プレイト Phil Plait という人物は実在するのですか？」「ええ、そうだと思います」「寺薗さん。あなたがあの英文を日本文に翻訳した、とおっしゃいましたよね」「ええ」「それなのに、おつき合いはないのですか」「今、ＭＩＴにいる石橋和紀《いしばしかずのり》さんと連絡を取って（日本側のサイトは）作ったのです」「それでは、（あなたが書いたネット上に名前が明示されている）その石橋さんと、私は連絡がとれるのですか」「それは……ムニャムニャ……」

その時、話に割って入って「あの月（探査情報）ステーション」は私たち広報部が責任をもっています」と言った中村広報部長に私は、短刀直入に聞いた。

「中村さん。ＮＡＳＡから時々、係官が日本に来てテレビ局に『アポロ月面着陸問題を扱う番組を作って放送することを自粛せよ』と圧力をかけるようですが、その係官と会ったことがありますか」「いいえありません」

「では、ＪＡＸＡでは誰が応対しているのですか？」「それは、うちの理事のひとりが対応しているでしょうね」

「その理事の名と、それから度々、来日するＮＡＳＡの係官の名前を教えて下さい」「それはできません。また、あなたにそういうことを教える必要もない。その義務も私たちにはありません」

「私が、貴組織の山《やま》之《の》内《うち》秀《しゅう》一郎《いちろう》理事長か、その担当理事の人にこの件について面会を求めるとしたらどうしますか」「内部で検討してお答えします」

「私がなぜこういうことを言うかと言いますと、昨年の4月から私のサイト（ホームページ）で私がこの『人類の月面着陸は無かったろう論』を書き始めましたら、異様とも思えるぐらいの激しい抗議のような、妨害のような、脅迫のようなメールや、掲示板投稿文が押し寄せました。まるで嵐のようでした。それらは全て、匿名、仮名、偽名の投稿文であって、自分の素性、経歴をきちんと名乗って、意見表明してきたものはほとんどなかった。私にとっては不愉快きわまりないものでした。それらの中傷、抗議文は、日本国内だけでなく、アメリカやヨーロッパからも来ました。日本語ですから日本人でしょうが。ワシントンやヒューストンや、東京大学や大阪大学の中から来たものもあります。私が弟子たちに頼んで、それらの投稿文のいわゆる『ＩＰアドレス』の追跡をやらせたからそういうことが分かったのです。それらの仮名の中傷文の内容が、あなたたちＪＡＸＡの『月探査情報ステーション』の中身と酷似しているものが多かった。それで、私はこのサイトの存在を知ったのです。その時まで、このサイトの存在さえ知らないで、私は、自説を素朴に書いていただけなのです。もし、これらの妨害文を覆面のまま書いて寄こした専門家たちの所属や本人名まで確認できた時には、私は堂々と言論対決を要求しようと思います。こういう経緯があるのです」

　このような内容のことを私はＪＡＸＡ広報部に話した。ＪＡＸＡからはもっといろいろなことを親切に教えてもらったが、例の「ＮＡＳＡとの関係」のことになるときわめてガードが堅かった。

　翌週、２回目の面談の時に、私は、「ＮＡＳＡ《ナサ》との関係を長年とり持ってきたのは、おたくの樋口清司《ひぐちせいじ》理事でしょう」と聞いた。「樋口理事は、ジョンソン・スペース・センターの（日本側駐在？）所長を勤めていました。歴代の（日本側駐在）所長が、ＮＡＳＡとの連絡調整を行ないます。国際部長という職名です」「樋口さんとつき合っているＮＡＳＡの高官は誰ですか」「知りません。あ、ウィリアム・Ｔ・ジョーダン William T. Jordan 氏というＮＡＳＡの人で、駐日アメリカ大使館の人がお見えになりますね。私も会ったことがある」

中村広報部長はこのように2回目の時に情報開示してきた。

私は、「在日アメリカ大使館NASA代表」という担当官が日本に派遣されて来ていることを知っている。これ以外に、「NASA国際宇宙ステーション連絡事務所所長」と「NASA特別招聘《しょうへい》開発部員」がいてこの3人のアメリカ人が「NASA駐日代表部」を作っている。

しかしアメリカ大使館に来ている前述のウィリアム・T・ジョーダン氏は、これは、「駐日大使館の高官」というだけのポリティカル・アポインティ（政治任命）であるに過ぎない。今の共和党ブッシュ政権から任命された共和党系の人物である。こういう人は、宇宙開発の裏側の泥くさい実務や恐ろしいかけ引きのことは何も知らない。英語で言うところのディーコイ decoy とかレッド・ヘリング red herring というやつで「おとり」「みせかけ」である。日本語で言えば「陽動作戦」か。

私は樋口理事らの系統と40年間にわたって、つき合ってきて、「日本管理」をやってきたNASAの実務高官がいると分かっているので自力で調査を続けるだけだ。

「JAXAの上部管轄庁はどこですか」「文部科学省科学技術・研究開発局・開発課ですよ」と中村部長が教えてくれた。やっぱりこっちを攻めたほうがいいのかなとも思う。

NASDAの前理事長の五代富文《ごだいとみふみ》（と奥様の利矢子《りやこ》）氏が、ボンクラだったので日本の

Ｈ２Ａ《エイチツーエイ》ロケットの失敗が相《あい》ついでいる。本当は、アメリカ製の奇怪な粗悪部品がまぎれ込まされているからだ、と誰も言わない。これを口にすることは死ぬほど恐いことだろう。

本書72頁で紹介した「月探査情報ステーション」の〝月面着陸の疑惑〟の箇所を自ら翻訳して書いた寺薗広報部員が、「前のジョンソン・スペース・センター（日本人派遣？）所長だった米倉実《よねくらみのる》所長の時に、このホームページを作りました」と答えた。

「テレビ朝日が『これマジ⁉』を放送して日本国民の間に疑惑の噂が広がったあとですね」「そうです」

それ以外で私が質問したのは、「月の石の成分を研究していたはずの清水建設は今、ＪＡＸＡの仕事を請《う》けていますか」「現在は、６５００万円の仕事で、北海道で〝成層圏プラットフォーム〟の格納庫を建設しています」というようなものであった。

「月面探査機ルナＡの発射は２００５年以降に延期になりました。弁の交換が必要だそうです」

この他には、私が「月面基地を作る計画というのを、今でもＪＡＸＡも公開していて、水谷仁《みずたにひとし》さんが、さかんに推進しているようですが」と質問したのに対して、寺薗広報部員が、「水谷先生は私の先生です」と答えた。「本気で月面基地ができると思っているのですか？」「？」「水谷さんの所属はどこですか」「今はＪＡＸＡの職員です」「対外的には教授を名乗っていますね」「的川泰宣《まとがわやすのり》さんと同じで、JAXA内部の職名では『執行役』です。5名から10名いますとのことだった。

最後に、私から「日本の宇宙開発事業（行政）もあんまり、アメリカに引きずり回されないようにしたほうがいいんじゃないですか」と注文と提言を出したら、中村部長から「副島さんのことは、日本がアメリカに対してもっと自立、独立すべきだという日本の国益重視の立場から発言している人だということは私たちも知っています」とのことだった。JAXAもなかなかよく調べているとわずかに感心した。それでもなあ……。このNASA直流の日本語版翻訳サイトは問題である。芋《いも》づる式で証拠が挙がってくる。

第六章

# 世界各地で連携しておこるNASAへの怒り

## テレビ朝日の月面着陸の捏造指摘番組を私も見た

副島隆彦です。今日は、2004年1月3日です。

2003年12月31日の夜9時から、テレビ朝日（関東圏では10チャンネル）が、「人類月面着陸の捏造」を取り上げた番組『ビートたけしの世界はこうしてダマされた⁉』を、放送したので私も見た。

このテレ朝の大みそかの番組の素《もと》になった原番組があるのだが、そのアポロ計画の月面着陸についての画像や、証言は相当にすばらしいものである。後述するヨーロッパ製の番組である。人類の月面着陸はアメリカ政府による捏造《ねつぞう》、でっちあげ、であったことがこれで白日の下にさらされた。改めて衝撃を受けた人々がたくさんいるだろう。

番組の最後に、「エイプリル・フールにヨーロッパで放送された番組です」と言っていた。これは嘘《うそ》だ。あとで調べたらエイプリル・フール（4月1日）に放送されていない。きっと、テレビ朝日内部の制作段階でこのフィルムを使って日本で番組を作ることに激しい応酬があっただろう。それで「欧州各国ではエイプリル・フールに放送された番組だ」ということにして、テレビ朝日としてはNASAと正面から争うことを放棄して逃げた。

それが、私には手に取るようによく分かった。全体としてはUFO、宇宙人ものの超自然《スーパー・ネイチャー》ものの娯楽番組に仕立てることで真実と幻想を混ぜこぜにして全体としては、お笑い番組である、ということにして逃げを打つ形で番組は終わった。

## NASAがキューブリック監督につくらせた月面ニセ映像

この番組の予告どおり、故スタンリー・キューブリック監督の奥さんのクリスチャン・キューブリックが**「人類月面着陸は夫キューブリック監督も関係した捏造である」**ということをはっきりと証言していた。「夫の遺品の書類の中から、NASAのトップ・シークレットの書類が出てきて、それによると、夫が月面着陸の2人の飛行士の様子を、1969年にロンドンの撮影所で撮ることをアメリカ政府に要請されて実行した」という内容の証言だった。このロンドンのシェパートン撮影所の所在も分かっている。

ついに、アメリカ政府の中枢にいる人間たちが、35年前の自分たちの権力犯罪の自白を始めた、ということである。真犯人は、当時、まだ30代だったドナルド・ラムズフェルド（現国防長官）であり、アレグザンダー・ヘイグ（NATO《ネイトー》派遣軍の最高司令官）であり、ヘンリー・キッシンジャーその人であった。

この3人が、要約すると次のように話（自白）している。「当時のソビエト・ロシアの宇宙開発、即ち、同時に大陸間弾道の核ミサイル開発に対して、アメリカが劣勢に立っていたので、なんとしてもそれを挽回《ばんかい》しなければならなかった。しかし、進行中のアポロ計画では、とても人類を月に送ることなどできない、と分かった。この段階で、捏造映像を制作して、捏造発射の壮大な劇をやり、その映像を、秀作『2001年宇宙の旅』（1968年制作）を撮り終えたばかりのキューブリック監督に依頼した。この件は、ニクソン大統領も承認しており、彼が最終決断した」という証言だった。

ラムズフェルドというのは、若い頃からここまで悪い人間だったとは。今もイラクでアメリカ軍が残虐なことをやっているが、その責任者（元凶）である。きっとニューヨークの金融財界を支配する〝実質的な世界皇帝〟のデイビッド・ロックフェラー David Rockefeller（89歳）の信任がきわめて厚い人なのだろう。今は、ラムズフェルドのほうが、アメリカ官僚内の派閥抗争で、先輩格のヘンリー・キッシンジャーの国務省内の派閥を追いつめつつある。

ヘイグとキッシンジャーがどれぐらい悪いグローバリスト（アメリカの力で世界を支配・管理しようという人々。あるいはインターベンショニスト、他国政治干渉・破壊主義者）であるかについては、私の政治映画評論集である『ハリウッド映画で読む世界覇権国

テレビ番組「Operation lune」より

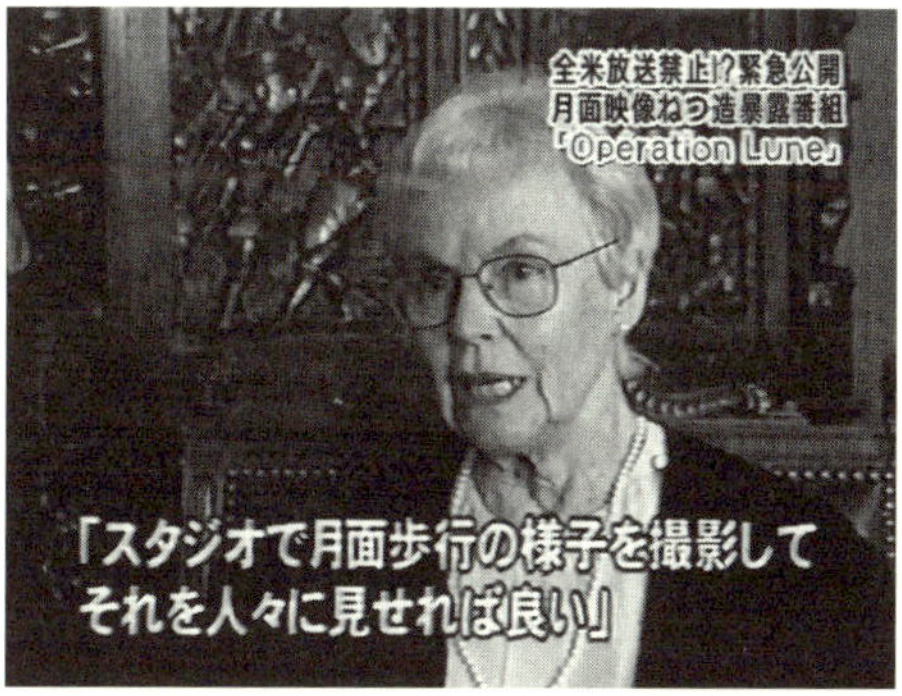


ニクソンの秘書ケンドールの爆弾証言

ついに白状したラムズフェルド

捏造には反対だったヴァーノン将軍

アメリカ』（講談社＋α文庫、2004年4月）の中の「大統領の陰謀」（1991年）と「ニクソン」（1995年）の章で明確に解説してある。

上記のワル（悪）3人組の他に、ローレンス・イーグルバーガーやイブ・ケンドールというニクソンの個人秘書だった女性や、ジャック・トランスらが証言していた。「人類初の月面への降り立ち」をやって見せた、アームストロング船長や、バズ・オルドリン飛行士の奥さんのロイス・オルドリンや、バズ・オルドリン自身が登場して行なう証言も、ほんのわずかだけ放映された。

キューブリック監督のチームによるロンドンでの『2001年宇宙の旅』のまだ壊されていない撮影セットを使っての月面捏造映像以外に、フロリダ州のケープカナベラル基地に、ハリウッドの映画スタッフを700人も動員して、そして、アポロ計画の次々に打ち上げられるロケットの映像の各種の模造《もぞう》を、本物の発射台を使って、ロケット発射情景を撮ったのだと、証言していた。だから後に作られた第一章で触れた映画『アポロ13』に使われた映像の多くは、この時に作られたものだろうと私は強く推測する。

この大犯罪者たちは、本当に、よくやるものだ。私は、君らアメリカ・グローバリストのこういう腐りはてた人類史規模の歴史捏造の大犯行の情熱にほとほと感心する。あなたたちは全員、生来の犯罪者だ。私には深い軽蔑の感情しか起きない。

デイトリヒ・マフリーという、当時はソビエトのKGB《ケージービー》の対アメリカのスパイ（工作員）をやっていた人物も登場して証言していた。「KGB《ケージービー》は、アポロ月面映像で、ドイツ製のハッセルブラッド・カメラを飛行士が手にしていて、それに被覆《ひふく》が何も施されていないことを確認した時点で、アメリカの月面着陸は無かったことに気づいた」と話した。その後、ソビエト政府内部で宇宙ロケット開発競争でどういう対応が取られたかについては何も語らなかった。この部分はこれから調査しなければならない。

## 宇宙用ロケットも核ミサイルも中身は同じ

当時のNASAのアポロ計画の最高責任者は、ヴァーノン・ウォルターズ将軍（ニクソン政権のCIA副長官）であろう。直接の現場の責任者はアポロ計画主任だったサミュエル・フィリップス空軍中将だった。ウォルターズ将軍は、「とても人間を月に送ることができない」と分かった時点でホワイトハウスに具申して判断を仰いだ。その時に捏造案が出されたという。ヴァーノン・ウォルターズ自身は、捏造に反対だったようだが、上部の政権幹部たちの決断に押し切られた。ヴァーノンが、「民主国家では虚像はやがて露見します」と上司たちに言ったと証言している。

番組のなかで、ヴァーノン将軍は「全てがミサイル問題だったんだ。月へ発射されるロケットもミサイルも中身は同じだからね」と語っている。

確かに、アポロ11号の打ち上げには、サターン5型ロケットというのを使っている。そして、まさしく、このサターン5型が、ＩＣＢＭ（大陸間弾道ミサイル Inter《インター》 Continental《コンチネンタル》 Ballistic《バリスティック》 Missiles《ミサイル》）そのものなのである。アポロ17号まで全てこのサターン5型という超大型の弾道ミサイルである。人工衛星打ち上げの下段のほうの推進ロケットは、大型のブースター（推進機）として、次々に途中で切り離されてゆく点が核（弾頭搭載）ミサイル（＝核兵器 nuclear《ニュクレア》 weapon《ウエポン》）との違いであるが、大きく言えば宇宙ロケットと核ミサイルは同じである。これをミサイルと呼ぼうが、ロケットと呼ぼうが、どっちでも同じことなのである。

大陸間弾道の「弾道」というのは、英語でバリスティック ballistic といって、地球の周回軌道 orbit《オービット》 上にまでのぼってゆくと、そこで慣性の法則を利用して飛び続ける。そして到達目標に近づくと再び大気圏突入して落下して行き目標に命中するのである。そして、この地球周回ロケットが地球の引力を振り切って大気圏外にまで飛び出していけば、いわゆる宇宙空間に飛び出したということになる。

だから、宇宙飛行用ロケットというのは、高純度プルトニウムと発火装置を搭載すれば、そのまま核兵器として使うこともできるということだ。私はかつて別の本で、「核兵器というのは、打ち上げ花火の頭に高純度のプルトニウムと発火装置をつけただけのものである」と書いた。プルトニウム部分を人間の乗り組む宇宙船に取り替えれば有人宇宙飛行ロケットになるのだ。宇宙飛行士が先っちょに乗るか、核弾頭が載るか、その違いだけだ。大きく簡単にいえば、そういうことだ。今の日本国民にはこういう大きな観点からの知識が必要である。

多くの人工衛星用のロケットの打ち上げ成功によるたくさんの宇宙実験や観測は確かに事実だ。しかしわれわれはそれをもって大きな勘違いをしてはいけない。人間を含めた犬猫などの生身《なまみ》の生物は、ヴァンアレン帯という放射能のすさまじい壁があるので、これを突破することはとうてい無理である。生身の生き物がその壁を超えてその外側にいくことは、現在の人類の実力ではできない。地上2000キロメートルから上には有人では上がれない。だからいまだに「人類の月面着陸」は不可能なのだ。

2003年の2月1日に、スペースシャトル・コロンビア号が、大気圏再突入の時に発生する恐ろしい高熱・摩擦に耐えられないで炎上爆発する大事故があった。あの光景が全てを物語っている。現状では、人類の月面着陸など夢見ごとであり夢のまた夢なのだ。地上から高度400キロ以下のほんの表面をグルグルと飛び回るだけの時代が今後もあと

100年くらいは続くだろう。

これまでに私が何度も力説したとおり、本当に人類が月面に降り立ったのであれば、月の表面をハッブル宇宙望遠鏡で写せば簡単に確認できるのである。私はこの点をこれからも何度でも書き続ける。それすらしないで金星や火星やらに探査機を打ち上げて「成功した、成功した」と喜んでいる。あれらの惑星探査機の話も月面着陸問題から話をそらして、世界中の人々が、「その後どうして35年も月には行かないの」と疑問に思い騒ぎ出すことを妨害して攪乱《かくらん》し、お茶を濁すためにやっているのだ。あんな探査機なんか、金星や火星にまで数ヵ月かけて接近して、上空写真だけ撮影して、地球にまで電波で送信して、そのあとはただの宇宙のくずになってしまうだけのしろものだ。無事に帰還することすらできないのだ。火星や金星の軌道に乗せて周回させたのち、逆噴射をかけて、地球に戻すというだけのエネルギーや高度の遠隔姿勢制御技術を人類はまだ持っていないのだ、という現実をかみしめたほうがいい。

惑星の地表への軟着陸やら無人走行車による地表探査や画像の受信やらは、眉《まゆ》つばものである。2004年1月3日に着陸した火星探査機スピリット号からの、あの鮮明きわまりない画像などきわめて怪しい疑惑につつまれている。火星の地表をキレイに写し出せるのなら、どうして月の地表をもっと精密に写さないのだ。

こういう私の主張や指摘は、宇宙探検の素朴な疑問を言っている。これらの前提を抜きにして、ロケット工学や宇宙物理学（就中《なかんずく》、惑星学）をやっているのであれば、それこそお笑い草である。NASAの奴隷《どれい》（あるいは、受け皿「カウンター・パート」とも言う）をやっている日本のJAXA（宇宙航空研究開発機構）の技術者や学者たちよ。あなたたちの中の少数だが、本当に優秀な人々がうっ屈して真実を話せないのだということは私に推測できる。しかし、そろそろ本当のことを言うべきではないか。あなたたちの頭《マインド》（脳、思考力）はサイエンス（数学を駆使して実験・観察によって検証する方法学）の手法ででできているはずである。そのあなたたちがアメリカの科学宗教に洗脳されていたら話にならないのだ。だから、アポロ計画は6回が大成功で、2人ずつ12人が月に着陸したなどというバカな話を、本当に信じているのだとしたらそれらの自然科学者たちは本当に救いようがない。

## 属国日本の惨めな宇宙開発

日本の宇宙開発技術は、アメリカの属国を日本がやり続けている限りは進歩しないだろう。そのことをなぜ、政治家官僚トップをはじめとして誰も言わないのか。日本の国益を、自分の身体を張ってでも守ろうという政治家（民族指導者）がいなくなってしまった。卑《いや》しい下品な出自《しゅつじ》の者たちばかりだ。アメリカから脅されているから恐《こわ》くて何も言えないのだ。

日本のロケット工学などというものは、ほとんど大型おもちゃ同然のものに押さえ込まれてしまっている。宇宙ロケット即ち弾道ミサイル（即ち、delivery《デリバリー》 technology《テクノロジー》）の日本の自力開発はアメリカによって強く妨害されているからだ。ジェット・エンジンの自力開発も激しく妨害されている。日本が自力で地球軌道を４００キロ以上も飛ぶ弾道ミサイル＝宇宙ロケットを保有することは、アメリカにとっての国家安全保障《ナショナル・セキュリティ》上の脅威だからである。せいぜい中国まで届くものなら持たせてやろうというのが対日戦略である。アメリカは日本に自力では核兵器を保有させないと決めている。将来、日本が自力で核保有すると国民の多数派が決断する時も、「アメリカ製を買え」という方針である。最近は開口合成レーダーを抱えている日本製の気象観測や資源探査用の人工衛星を打ち上げるロケットだけはなんとかまともに打ち上げられるようになった。その水準のままだ。

２００３年11月29日に、情報収集衛星（本当は軍事用の偵察《スパイ》衛星）を載せた日本のＨ《エイチ》２Ａ《ツーエイ》型ロケット６号機は、打ち上げに失敗した。日本の指導者たちは、さすがにショックを隠しきれない。**ロケットの製造過程で米国製の不良部品を計画的に混ぜられていたので**

**あろう。アメリカは、米国大陸まで届くほどの弾道ロケット開発を日本には認めない、と**いうことなのである。

日本の宇宙開発は、かつての「FS X《エフエスエックス》」（次期支援戦闘機開発計画）の戦闘機用のジェット・エンジンの開発と共に、米国によって計画的に押さえ込まれてしまっている。日本人は有人宇宙船どころか、H2A国産ロケットさえ満足に打ち上げられない。

半導体、テレコム、FSX支援戦闘機、光ファイバー、人ゲノム（ヒューマン・ジェノム）などの「技術の芽」が次々と、アメリカの「国家戦略」の名の下に潰されていった。

まだなんとかなりそうなものは、ナノ・テクノロジーと、燃料電池（フューエル・セル）。トヨタとホンダが開発中）と各種のロボット開発ぐらいのものだ。私たち日本人自身は米国にべったりとくっついておりさえすればいいと考えており、それで、中国の有人宇宙飛行船の打ち上げ成功という、中国の国力成長の現実を前にして、それをポカーンと眺めている。

## 中国「神舟5号」打ち上げ成功の裏側

中国は2003年10月15日に有人宇宙飛行船「神舟《しんしゅう》5号」打ち上げに成功して、地球の周りを14周したという。これは、アメリカにしてみれば、中国による「大陸間弾道ミサイル」（ＩＣＢＭ）という核兵器の一番大きいミサイルの打ち上げ実験成功ということになる。中国が有人での地球周回に成功したということは、中国の宇宙開発というよりも核兵器開発の能力（そのうちのデリバリー能力）の増大だと受け止めたようだ。米国の主要都市にまで核ミサイルを正確に撃ちこむ能力のある技術を中国が確立したということだ。

　この「神舟5号」というのも１９６１年4月のソ連のガガーリンの宇宙飛行成功と同じ地球の表面をぐるぐると回っただけである。宇宙空間の巨大さに比べれば、地球のほんの表面の皮みたいなところの、せいぜい地表３００キロメートルぐらいを周回したに過ぎない。宇宙と呼ぶにはあまりにも地表に近いところだ。そこあたりを大陸間弾道ミサイルと呼ばれる核兵器も飛んでいくわけである。だから、人類の宇宙開発技術はこの50年間大して進歩していない。技術の粋《すい》を集めたスペースシャトルでさえ、そのくらい（地表２４０〜４００キロメートル）のところを飛んでいるだけだ。国際宇宙ステーション（ＩＳＳ）も地表３５０〜４００キロメートルだ。

　中国の有人宇宙飛行の技術は、ロシアから基礎技術をたくさん「泥棒」した成果であると言われている。それ以外には、フランスが中国のロケット技術を応援するために、あれこれ無償で技術供与したという話もある。フランスと中国はどちらも中華思想（自分たちが人類のNo.1の国民であり、地球の中心であるという思想）を持っており、アメリカの世界覇権に対して強い対抗意識をむきだしにする点で、仏中両国は堅く団結する傾向がある。
この中国の有人宇宙船成功の動きに反応して、アメリカのブッシュ大統領が、2003年12月5日に「再びアメリカは人類を月面に送る計画」を発表した。このブッシュの「有人月計画」は、私の読んだ新聞記事には、**「今後20年から30年を視野に入れた月への有人飛行再開計画」**とあって、笑ってしまった。

---

**月への有人飛行再開も検討**

ブッシュ米政権が

共同通信　2003年12月5日

【ワシントン5日共同】5日付の米紙ワシントン・ポストは複数の米政府当局者の話として、ブッシュ米政権が月への有人飛行再開に関する新宇宙計画の検討を進めていると報じた。
来年秋の大統領選挙で再選を狙うブッシュ大統領は来年、1期目の最後の年を迎えるため、ローブ大統領上級顧問（政策・戦略担当）が中心となって「再選戦略」として新しい国家計画の具体化を進めている。

---

同紙によると、ホワイトハウスが中心となった省庁間の政策調整グループが8月から新宇宙計画のほか、飢餓《きが》や長寿対策などを含む国家計画の策定を進めている。

2月に起きたスペースシャトル「コロンビア」の空中分解事故を受け、米航空宇宙局（NASA）が取り組む新しい事業の一環として、今後20年から30年を視野に入れた月への有人飛行再開計画を検討している。

（共同通信2003年12月5日）

「今後20年から30年を視野に」というのが、最高に笑える。あと20年から30年後に「人類の月面着陸」を〝再度、実行する〟というのである。1969年のアポロ11号から17号で12人を月面着陸させたのではなかったのか。今から20年から30年後には、たぶん私ももう、その頃は死んでいるよ。お猿のブッシュも、ブッシュの選挙参謀のカール・ローブも。みんな死んでいる。匿名、仮名でしか副島隆彦への悪口の投稿文を書けない、〝ヒッキー〟（ひきこもり人間）の薄《うす》ら馬鹿たちも。それからNASAの命令で動いている日本人の「アポロの疑惑打ち消し人間たち」も死んでいる。この者たちは自分の脳とよく相談して、真実とは何かを本気で考えなさい。

## 世界規模の捏造を罰する法律はあるのか

このテレ朝が恐る恐る作って（山本隆司《やまもとたかし》プロデューサー）、２００３年の年末大みそかに放送した番組の中で、大量に使われた真実の映像は、「アルテ社」というヨーロッパテレビ局の制作の『オペラシオン・リューヌ』“Opération lune”という番組のものである。このアルテ社は、ドイツ政府とフランス政府が共同で出資して作っているテレビ放送会社であり、日本のＮＨＫの教育番組のような感じの放送局だ、と、テレビ朝日の番組自身が解説していた。この番組が、２００２年10月16日に、ヨーロッパで放送された。その後にテレ朝はこれを入手したのだろう。エイプリル・フールではない。

このヨーロッパのアルテ放送局のアポロ疑惑追及番組の『オペラシオン・リューヌ』を制作したプロデューサーは、ウィリアム・カレル William Karel という人である。この人はきっと勇気ある人で、かつ世界規模での裏側の真実をいろいろとたくさん知っている人物だろう。

このカレル Karel という名前は、オランダ系の名前だが、彼は、ヨーロッパ（フランス）に半ば政治亡命してきた形で、ヨーロッパのテレビ局に勤めている人物であろう。ヨーロッパ各国の政治指導者たちにアメリカ政財界の動きを伝える係をやっているのだろう。つまり私、副島隆彦と同じ役柄だ。ウィリアム・カレルはアメリカ国内の内情を実によく知っていて、月面着陸の捏造をやったアメリカの政治権力者たちの言動についてもよく知っている。本書68頁で挙げた『アポロは月に行ったのか？』の著者のイギリス人のメアリー・ベネットとデヴィッド・パーシーの2人の本が、この『オペラシオン・リューヌ』の下敷きになっておりシナリオの土台になっていることが分かる。著者のメアリー・ベネットとウィリアム・カレルたちはヨーロッパ内で連携して動いている。

私は、彼らの果敢な闘いに連携すべく、極東（東アジア）の日本から疑惑追及の火の手をあげなければならないと決意している。

テレビ朝日はこの『オペラシオン・リューヌ』とはちがう、それよりも2年早く、前述した米FOXチャンネルの告発番組を下敷き（原型）にして作られた『これマジ⁉』のほうに、アメリカ政府からの圧力がかかった後に、処理に困って、グズグズと1年以上も抱きかかえていたのだろう。「いやはや、さてさて、一体どうしたものか。自分たちの首が飛んで、テレビ業界人間としての出世が止まるのは嫌だなあ。アメリカは本当に恐《こわ》い国だなあ」と、彼らテレビ朝日の幹部たちはぼそぼそと呟《つぶや》きあったのだろう。

おそらく、ラムズフェルドらは、ここまで来たらもう居直る、と決めたようだ。彼らデイビッド・ロックフェラーの直属の重臣たちは、自分たちが35年前にやったこの大犯罪を、そろそろ、じわじわと少しずつ露見させようとしている。自分たち自ら小出しにしてばらしながら、「過ぎ去った昔の冗談のような話」にしてしまおうという気だろう。居直って、「ああ、悪かった。悪かった。私たちが悪かった。みんなを長い間騙して悪かった。でもあの時は、ああするしかなかったんだ。別にワルキ（悪気）があってやったんじゃない。政権担当者として当時は仕方がなかったんだ……」という言い訳（弁明）をして居座る気だ。

彼らは責任をとる気がない。彼らは責任からは逃げ切るつもりだ。いつもこうやって生きてきた、生来惨忍《せいらい》な人間たちなのだ。他にも世界各国の要人暗殺のようなことばかりやってきた連中だ。自分たちが、人類に対して行なった大偽造犯罪からすり抜けて、まるで人事《ひとごと》のような、遠い過去の話にして、そして逃げ切るつもりだ。こういう極悪人の大嘘つきたちが支配・管理を任されている世界帝国が今のアメリカ帝国だ。バカ野郎たちの帝国だ。まじめで誠実な一般のアメリカ白人たちは、小さくなっておびえている。全く開いた口が塞《ふさ》がらない。

「権力者は犯罪を起こさない。そんなことはありえない」という考えと枠組みで、ヨーロッパ近代以来の国家理論はできている。本当に、欧米の国家理論では、「権力者が犯罪を起こす」という理論は存在しない。不思議な気がするが、そうなっている。だから、英語には「権力犯罪」という言葉がない。いくら捜しても見つからない。×power crime（パワー・クライム）は意味をなさない。

なぜならそもそも正義《ジャスティス》と不正《イーブル》、善《グッド》と悪《バッド》を判定するのも、国家の機能・権能・権限の一部だからである。だから、自分たち自身が犯罪者であっては、行政（政治）権力だけでなく裁判制度が成り立たなくなる。だからその反射効《はんしゃこう》として、「権力者は犯罪を犯さない」となる。では、個々の為政者（政治家、高官）たちの個人の非行として処罰され指弾される以外の、権力（行政権の主体、政府）自体の犯罪は、一体どうやって裁かれるのか。これが今なお私には分からない。

行政学、行政法学、国家官房学（ドイツ流）、国家学などの学問分野をもってしても、こういうことは分からない。政府そのものの大掛かりな事実の偽造行為をどうやって裁いたらいいのか、その手順が分からない。それはたとえば、何でも溶かしてしまうモノ（液体）があるとしたら、それを容れる容器がない、ということに喩《たと》えることができる。私はこういうことを日がな一日、ずっと考えている人間である。

それから、人類月面着陸の捏造、という事実が満天下に明確になった時点で、「時効《じこう》による免責」ということも考えられる。しかし時効にかからないとすれば、一体、あの者たちの罪《つみ》は何罪なのか、という問題がある。このことをずっと私は考えていた。

その罪名がないのである。いまだに見つからない。私はこの8カ月間ずっと考えているが、犯罪名がないのである。刑法学でいうところの、犯罪の構成要件該当性《こうせいようけんがいとうせい》（タートベシュタント、あるいは「法律要件」という）が見つからないのである。

詐欺罪《さぎ》ではない。詐欺であるには、被害者が自ら騙されて、「金品その他の財物《ざいぶつ》を自らの意思で交付する（相手＝犯罪者に渡す）」という行為が必要である。

これが人類月面着陸の捏造にはない。アポロ11号の着陸の映像を、当時、アメリカ国内だけでなく世界中で多くの人々がテレビで見た。その他に報道写真を見て、新聞記事を読んで、その後アポロ11号の月面着陸は小学生・中学生の教科書にも載っている。それらの教科書の中の記述や写真を見て、百科事典その他の科学辞典の解説文を読んで、騙された人類62億人全て（犯罪関係者たちだけを除く）は、一体、自ら進んで何を騙されたことになるのか。自分の脳内の思考力（考えて判断する力、知能）を騙されただけだ。

私たちは大きな偽造に洗脳（ブレイン・ウォッシング、あるいはマインド・コントロール）されただけだ。それでこれ自体は、何罪に当たるのだろうか？　私はずっとこのことを考えている。窃盗罪《せっとう》、強盗罪でもない。「嘘つき罪」というのはない。きっと「背任《はいにん》の罪」に近いものだろう。代議制民主政体（democracy デモクラシー）では、国民の信任を受けた代表者たちが、みんなの代表者（＝代理人）として政治（行政）権力を握って行動することになっている。日本人は、学者たちを含めて、全員で「国民主権」というのを頭から信じ込んでいる。しかしこれもアメリカ占領政策による計画的な偽造《フェイク》である。私たち国民の一人ひとりが主権者《ソブリン》（権力者）であって「国民みんなで、みんなを統治する」などという馬鹿げた理論は、法理論としても、政治理論としても在りえない。正しくは「国家主権 sovereignty《ソブランティ》は国民の代表者（国会議員たち）が握っているのであり、彼らが国政を誤って国民生活を危機に陥れたら、罷免《ひめん》（選挙で落とす）して政権を交替させるのである。これがデモクラシー（代議制民主政体）の定義でもある。この定義を知っている知識人も日本にはほとんどいない。「デモクラシーとは多数決のことだ」と思っている。日本国民は洗脳されたままなのだ。

だから主権を握っている国民の代表（国家指導者）たちが、国民の信頼《トラスト》を裏切ったら、それは背任の罪となる。団体（フェアトラーグ）の法理を使って、これを国家法人説に従って当てはめればこういうことになる。

59年前に、敗戦した日本やドイツの戦争指導者たちを戦争犯罪者（ウォー・クリミナル）として裁いた、東京裁判（トーキョウ・トリビュナル、極東軍事裁判法廷）やドイツのニュールンベルグ裁判では、「人道（＝人間性）に対する罪」（クライム・アゲインスト・ヒューマニティ）と「人類に対する罪」（クライム・アゲインスト・ヒューマン）という新しい罪名を無理やり勝手に作って（法創造して）、連合国側は事後法（遡及法《そきゅう》）でも構わないとして、日独の戦争指導者たちを裁いた。

この「人間性に対する罪」を類推適用すると、おそらく、ラムズフェルドやキッシンジャーは、「人類全体の脳（思考）に対する虚偽作成の罪」あるいは「人間史の偽造の罪」とでも言うべき新しい罪名に該当するだろう。これ以外に、あのふてぶてしく居直る者たちの罪状を問うことは、今の私の知恵をもってしてもできない。事後立法の禁止「刑事罰の遡及の禁止」に従うならば彼らを処罰することはできない。

私は、たかだか東アジアの一国である日本国の一知識人であるに過ぎない。だから、世界法廷でこれから徐々に裁かれることになるであろうあの者たちのことをいくら罵《ののし》るように書いても、それは東アジアの一国のごく小さな反体制言論が世界権力者たちに向かって、遠吠えしているに過ぎない。そういうことは私自身が重々分かっている。だから、私はアメリカ国内を始めとする世界各国の月面疑惑提出者たちと連帯して闘うしかない。

事態は冷酷に世界基準と世界規模で進行してゆくのであって、日本国内で日本人たちごときがいくら何か言ってみてもどうにもならない。ただ、「よくも私たちを騙《だま》したな」と怒り続ける権利（立場）はある。それだけでも一定の影響と衝撃を与えるだろう。世界で進行してゆく事態を、私はこの日本語という東アジア言語の一種で、後追いして報告、連絡するだけである。そして私、副島隆彦がその大きな真実の日本国への報告者という重要な任務を負っている。その自覚はある。

だから、あのテレ朝の番組自体は、気弱な朝日新聞内の大《おお》アジア主義者たちが、ぎりぎりのところで見せる、アメリカ帝国の自分たち日本人への支配への抵抗線である。このこと自体を私は評価する。ああいう腰の引けた、臆病《おくびょう》番組、お笑い番組の振りをして世界権力者たちの犯罪に、へっぴり腰で立ち向かおうとする最後の努力を私は高く評価する。やはり何と言ってもしぶとく抵抗しつづける山本隆司プロデューサーが偉い。

そして、それ以外に局（株式会社テレビ朝日）内で生涯の出世が吹き飛ぶことになるかもしれない何人かの勇気ある、まだ見ぬディレクターや、番組制作会社のスタッフたちに感謝する。あなたたちが、NASAの意向をうけた経営陣や日本政府の弾圧にも抗して、下請けの制作会社の社長たちと共に、必死で食い下がって、あそこまで放映してくれたことの重さをしっかり私が見届けて、後世に伝えます。

## 私は、日本代表として闘い続ける

この欧州アルテ局が、2002年に制作して欧州各国で放送した、この『オペラシオン・リュース』"Opération lune"を再度きちんと、すべて削除無しで、全編放送するというだけのことをNHKを始めとして各局はできないものか。これは、近い将来の日本のメディアの課題だろう。

私が、次に問題にするのは、やはりあの番組を見た日本国内の人間たちのことである。その中でも、とりわけ「人類は月面に到着していないなどと言い出した、副島隆彦というキチガイ変人評論家とその信者たち」を、途方もないアホだと、初めの初めから嘲《あざ》笑って、ずっと卑劣な攻撃を私たちに加え続けている者たちのことである。

この者たちは、一体、この先、どうするつもりか？　自分自身の愚かさを恥じて、私に謝罪するか？　まだ強気で、匿名・仮名のまま妨害文章の書きなぐりを続けるのか。すでに彼らの中で内部分裂が始まっている。ある者は、すでに副島隆彦への中傷、悪口をやめて他の場所に行ってしまった。ある者は知らん顔をして、いつの間にか口をぬぐって態度を変えて、「自分は元々、懐疑派だった」と言い張るだろう。最後まで頑強に残るであろう月面着陸を堅く信じて疑わない理科系の技術者たちを中心とする愚直《ぐちょく》な日本人工場ロボット人間（アシモ君たち）のことを、馬鹿呼ばわりすることになるのか。

山本弘《やまもとひろし》、志水一夫《しみずかずお》、唐沢俊一《からさわしゅんいち》、皆神龍太郎《みなかみりゅうたろう》らの「と学会」（とんでも本学会？）の連中が特にひどかった。この者たちの弁明、反論を受けに私は自ら出向いてゆくから、今からでも、私を君たちの大会（宴会）に招待しなさい。

この卑劣漢たちの中でも、皆神龍太郎は、ＪＡＸＡ広報部との関係で証拠があがっている。例の「月探査情報ステーション」サイトのＪＡＸＡの責任者の寺薗広報部員が、「ええ。皆神さんとは何度か会っています。『擬似《ぎじ》科学ウォッチャー』としての立場からご協力をいただいています」と証言した。皆神の名前は、前述サイトの中に協力者として挙がっている。さあ、このあと「と学会」はどうするつもりだ。もう覆面をかぶったままの闇討ち攻撃はやめなさい。正面から私に論争を挑んできなさい。私としては、柳田理科雄《やなぎたりかお》という君たちと以前、いっしょに「と学会」をやっていた優れた人物と連帯して逆に君たちのイカサマ言論を追及しようと思う。

「と学会」という自分たちこそトンデモ人間である者たちはたいした知性も学力もないものだから、他人の書いた本を「とんでも本」などと腐《くさ》してそれで世評のうわっつらの共感を呼び込むだけの愚かなグループである。

これに加えて人類月面着陸問題で許せないのは、『アポロってほんとうに月に行ったの？』（朝日新聞社刊、2002年10月）という小冊子の本である。この本は、おそらく前記『アポロは月へ行ったのか？』（メアリー・ベネット、デヴィッド・S・パーシー著、雷韻出版、2002年10月刊）による真剣な真実追究が日本にも上陸することをいち早く察知して、この本の日本国内への影響力の広がりを妨害するために緊急で朝日新聞社から同時期に前述書にぶつける形で出されたおかしな本である。

エム・ハーガなる人物が書いたことにした奇天烈《きてれつ》なこの本には真実探究と思いきや目くらまし用の言葉があちこちに埋め込まれている。

この本では、「月面着陸ウソ説では」という書き方をして、著者本人はどう考えているのかを、はぐらかしている。「信じる、信じないはあなた自身が決めることです」というコトバをちりばめている典型的な卑怯者が書く文章だ。「月面着陸がホントかウソか……ということよりも、こうやって月をきっかけに、みんなで楽しくやる……ということだって同じくらい大切なことかもしれません」（同書118頁）と書いている。そしておふざけの最後に、「あとがき」で「実は……エム・ハーガとはマサミツ・ハガの略、つまり私、芳賀正光のことです」と書いている。この人物はテレビ番組制作会社を経営しているらしい。

「人類の月面着陸（アポロ計画）がアメリカ政府自身による捏造であったなどということ

などわずかにも信じられない」と堅く信じて疑わない者たちはまだまだたくさんいる。日本国民の多数は懐疑的に傾きつつある。彼ら捏造否定派自身の脳内で起きつつある、脳（思考力）のひび割れ現象のような、自己猜疑心《さいぎしん》の動揺が、その脳が割れるような痛みときしみと、心臓の激しい動悸《どうき》を引き起こすだろうことを、私は一番注目している。この思想（思考）転向の集団的ドラマは一生の間に、そうそうはないことだから、私は大きな関心を持って凝視している。

自分の脳が割れるような痛みを感じる。こういうことを、私の敵たちが、今まさに私の目の前で演じてくれている。こんなに興味尽きない現象は滅多にあるものではない。

長年、政治思想を研究してきた人間である私は、ある時、人間を襲うこの集団的な思想転向体験 recantation《リキャンティション》 の類をものすごく興味深いものとして位置づけている。だから、ラムズフェルドやキッシンジャーのような世界規模の大犯罪者たちの行動分析よりも、ただ愚鈍な凡人たちでしかないこの哀れな転向人間たちの、引きつって歪《ゆが》む表情や仕草のほうにこそ私は深い興味を持つ。

人類月面着陸はアメリカ政府による捏造であることを、私はこの本を書いて出版したあとも、これからもずっと主張し続ける。私たちの脳に、そして人類全体の脳に嘘による打撃を与えた者たちの大きな責任（文字通り、人類の知能に対する罪）を私は厳しく追及し続ける。世界中の各国に広がる勇気ある者たち（Apollo《アポロ》 Hoaxers《ホウクサー》）と連携をとりながら、これからも次々と真実を暴く。私、副島隆彦がその日本代表（Japan's leading Apollo Hoaxer）である。だから、私の言論をおさえつけおしつぶそうとする彼ら犯罪者たちは、「そんなことを考えるやつは頭がおかしい」と私に向かって嘲笑し悪罵《あくば》を投げ続けてほしい。中途半端でグチャグチャと態度を変えられるのが私としては一番、迷惑である。君たちが憎しみを込めて私宛てに書いた記録は今後もずっと残るのだ。そしてやがて、自分自身にふりかかるだろう。自分自身の脳に、真実の火柱となって襲い掛かってくる。私はその日が来るのは近いと思っている。それはあと5年ぐらいのことだ。その日まで私は闘い続ける。

私は、昨年（２００３年）の6月頃、この月面着陸問題を大学での授業の中で学生たちに少し話した。彼らに話してみて、反応を知りたかったからである。概略、次のように話した。「私は最近、自分が開いているネット上のホームページで、『１９６９年のアポロ11号の月面着陸は無かっただろう。あれはＮＡＳＡの捏造だ。あんなことは今、やってみなさい、と言ってもできない。人類には、いまだにロケットを月面周回させて、無事、地球に帰還させる技術はない。ましてや人間を送ることは無理だ。途中にヴァンアレン帯という地球を取り巻く放射能（宇宙線）の帯があってそこを生物は超えて行けないのだ』と話した。

学生たちの反応は一様に驚きだったが、それでも私の主張に対してきわめて好意的であった。100人ぐらいの教室だったが、おしまいに「行った（着陸している）、行かない（着陸していない）」で挙手をしてもらったら、9割以上の学生が「行っていない」に手を挙げた。「行った」ほうに手を挙げたのは8名ぐらいだった。この結果には私が驚いた。

このことから分かることは、日本のふつうの国民の間では「アポロは月に行っていない」という考えのほうが優勢なのである。しかしふつうの国民はこういう微妙な問題では公然とした議題をすることをしない。ほとんどが口をつぐんでいる。そして「おかしいなあ」「怪しいなあ」と思っている。仲間うちのおしゃべりの時とかに、ふと誰かが「アポロは月に行ってないんじゃないの。あれは嘘《うそ》らしいよ」と言いだすと、若い人の間では話が盛り上がるらしい。が、そのあとはまた立ち消えになる。なぜなら、アメリカ政府、日本政府をはじめ、新聞記事、学校の教科書、百科事典の中まで「アポロ11号以下6回の人類の月面着陸の成功」は既定の事実であり、真実であることになっているからだ。すでに、い、い、い、い、人類の歴史の一部にさえなっている。

それをくつがえして、「あれは事実ではない。捏造だ。人類史に対する巨大な虚偽である」などと本気で言い出す人は周《まわ》りに敬遠される。人は周囲から奇人変人扱いされることを嫌がる。だから疑問に思っていてもみんな黙る。

私のような「敵は百万ありとても」の人間が出てきて世の中の流れに反抗して大きく旗を振らない限り、民衆（一般国民）は黙っている。私は各種の政治思想（ポリティカル・ソート）の研究が専門であり金融経済から言語学、歴史学にいたるさまざまの分野を扱った本を書いて出版してきた人間だから、〝大きな真実〟を見抜く眼力を養ってきた人間だ。これまでの私の本を一冊でも読んでくれた人には分かるだろう。

だから私は、世の権力者たち、体制順応者たち、今の世界覇権国であるアメリカ帝国への盲信的な追随者たちが、自分たちに都合の悪い真実を人々に知らせず、圧殺して隠し通し、そのことで国民管理をやっていることを誰よりもよく知っている。アメリカは今もイラクに戦争をしかけてイラク国民にひどいことをやっている。

だから「アポロ問題」は宇宙物理学（就中《なかんずく》、惑星学《わくせいがく》）とロケット工学を専門領域とする純粋に科学技術（テクノロジー）の分野の話であるが、それらの技術において全くの素人である私が、このように真っ正面から斬り込むことの無謀さを私なりに知っている。私の主張を鼻から嘲笑するのは、それこそ、日本だけでも数千人に及ぶ宇宙物理学とロケット工学を専門にする人々であろう。私は彼らに闘いを挑んでいるのである。真実はどうなのだと。あなた方が、信じて疑わないそのことの当否は、本当はどうなのだ、と。

私は、すでに、前哨戦《スカーミッシュ》として、この1年間、インターネット上でこのアポロ問題で激しく論戦してきた。各所からおし寄せてくる「副島隆彦、アポロ捏造妄想人間」という、匿名、仮名の攻撃を受けて、それに反撃してきた。そしてこの前哨戦で私は圧勝している。彼らの反論を次々に粉砕した。だから私は今の自分に自信を持っている。どこからでも、誰からでも斬りかかってきてほしいと思っている。できることなら、氏名、所属、経歴をはっきりさせてからの批判、論戦であってほしいが、卑怯者たちのほとんどは、自分の名前さえ名乗らず、覆面を被《かぶ》ったままの闇討ちスタイルである。こんな卑劣な者たちが何百人、束《たば》になってかかってきても私は全くこたえなかった。全て返り討ちにした。

私のこれほどの傲慢《ごうまん》な書き方に初めて接する人々に、やはり問いかける。「では、真実はどうなのですか」と。ここでは、誰をも逃さない。「いや、副島さんの言いたいことは分かるが、その文章の書き方がねぇ」などと、何世紀にもわたる属国奴隷《どれい》の強い遺伝子に支配された従順人間まるだしの卑屈な言い方（人を主張ではなく、語り方やもの腰で判断する、いやな人間たち特有の態度）にも、私は刃向かい、かみつく。「ここでは月面着陸が有ったたか、無かったか、だけが問題です。それ以外のことを言わないで下さい」と。

私が大学での授業中に話したあとで、学生から意見が出た。「昨年テレビの『これマジ!?』という番組で取り上げたので、皆《みんな》、あの時から疑っている」と答えてくれた学生たちがいた。やはりテレビ朝日が、超自然現象《スーパーネイチャー》を扱った娯楽番組のふりをしてこのアポロ問題を扱ったことの影響は日本国民の中に薄く広がっている。今もその余波は続いている。そこに私は本書を投げ込んで、大きく火をつける。国民の中に薄く広がっている噂に火がついて、やがて遼原《りょうげん》の火となるだろう。私はここまで書く。一歩も退《ひ》かない。

やがてアメリカ国内と世界各国（特にヨーロッパ各国）に広がっている疑念が大きな渦となって、アメリカ政府の責任を追及する巨大な波となるだろう。途中でそれをごまかしたり、流れを変質させるような動きが起きたら、私が分担する日本国においては、私が激しい言論戦に出るだろう。責任逃れをして醜く逃げ回る者たちを断じて許さない。

授業が終わって数日して私の研究室に遊びに来た学生がいた。彼は、父親が大手の電機会社に勤める技術屋だと言った。彼が言うには、「父親にアポロのことを聞いたんです。大学の先生が『月に行ってないんじゃないか』と話してた、と。すると父親が、急に怒りだして、ものすごく感情的になって、いつもはおとなしい人なのに、『人間、やればできるんだ。どんなことでもできるんだ』とどなるんですよ。僕は恐くなって、もう黙ってしまいました。もうこの件は、父とは話しません」とその学生は言った。

そこで、私が「そうなの。大変だったね。それで、君はどう思うんだ」と聞いたら、学生は、「行ってませんよ」と明るい笑顔で答えた。私にはその時の学生の笑顔がものすごく鮮やかで頼もしく思えた。

若い世代はクールである。上の世代の愚かで頑迷な態度を冷ややかに見ている。いつもは、「今の若者はひ弱でだらしなくて、日本は大丈夫か」と老人たちは嘆くが大人たちのほうこそ問題なのだ。

公式のＪＡＸＡの「アポロ噂打ち消し対策班」である（と私が決めつける）的川《まとがわ》泰宣《やすのり》氏も、「天文少年たちが、アポロは月に行ってないよ」と言う、とこぼしている。さらには、彼に向かって公然と「的川先生は、『アポロは月に行った派』なんですか」と尋ねる、と言う。事態はここまで来ている。もう押しつぶすことはできない。国民大衆のほうが真実に勘づいている。

「何万人もの世界中の科学者たちが参加してやったことを否定するのか」と、奥さんや子供の素朴な疑問を偉そうに上から、圧殺して封じ込めたであろう全国の理科系の技術屋のお父さんたちの、脳に真実のヒビが入りはじめるのはこれからだ。

# あとがき

本書、『人類の月面着陸（1969〜1972）は無かったろう論』が出版されたあとは、私に何が起きてもおかしくない。そんなことは覚悟の上である。私はこの本に評論家、言論人としての勝負を賭《か》ける。私が勝つか、それともアメリカが振り撒《ま》く虚偽に追随し続けて自己保身で汲々《きゅうきゅう》としている頑迷な人々が勝つか、一本勝負である。

アメリカ政府は今もイラクで愚かきわまりないことをやり続けている。実情としては、この本は日本の言論界で無視されて（恐れられ、タブー視され、敬遠されて）ほったらかしにされるだろう。人間はいくら根性と気概《きがい》、気迫（これをヴァーチュー virtue と言う）があっても、その時々の時代の風と、時の運（これをフォルチュナ fortuna と言う）に恵まれなければどうにもならない。その時々の時代の風潮に受け容《い》れられなければどうにもならない。

だから、じっと我慢して耐えなければならない。「周《しゅう》の粟《ぞく》を喰《く》らわず」と言って餓死《がし》した伯夷叔斉《はくいしゅくさい》の中国の故事に倣《なら》うことも時として大切である。忍従のまま人生が終わることも多い。しかしきっと数年のうちに、この本は、雄々《おお》しく甦《よみがえ》るだろう。それは遠からず数年のうちに、人々の間に静かに広がる噂《うわさ》となり、それがやがて津波のように日本国にも満ちて大きな真実が白日の下に露呈する。

私が、人類の月面着陸は無かっただろうと主張する上で、日本国内で高く評価するのは、『アポロは月に行ったのか？』（２００２年刊、五十嵐友子訳、雷韻出版）原著〝Dark《ダーク》 Moon《ムーン》 : Apollo《アポロ》 and《アンド》 the《ザ》 Whistle《ホイッスル》-Blowers《ブロウアーズ》, 1999 by Mary《メアリー》 Bennett《ベネット》, David《デイヴィッド》 S.《エス》 Percy《パーシー》〟である。著者たちは勇気あるイギリス人たちである。それが２６９頁のテレビ番組『オペラシオン・リューヌ』につながっている。この本を日本に紹介するために翻訳出版した雷韻出版社長・山田一成氏、と数人の先人たちに敬意を表する。

それからテレビ朝日内にあって、「アポロ疑惑」を、アメリカ政府とＮＡＳＡ《ナサ》（アメリカ航空宇宙局）からの陰に陽にの圧力にもめげず、前記外国フィルム作品等を部分的に使いながら、日本国内でも放送し続けてきた山本隆司《やまもとたかし》プロデューサー始め皆さんに敬意を表する。

それに対して、ＮＡＳＡの〝手先〟となり大きな虚偽に加担し続けている的川泰宣《まとがわやすのり》氏

(現JAXA職員)や『宇宙からの帰還』(中央公論社、1983年刊)の著者、立花隆《たちばなたかし》氏らに対しては軽蔑の念しかない。私は彼らに公然と喧嘩《けんか》を売る。必ず決着をつけてみせる。全てはアポロ11号から17号までの飛行士の月面着陸(13号を除く)は有ったのか、無かったのか、の一点にかかっている。この一点の事実判明から誰ひとりとして逃れることはできない。

日本国民の間に広がっている「アポロ疑惑」を打ち消すために、NASAから特別に抜擢《ばってき》されて「噂打ち消し業務」に従事している前述した的川氏らに対して、これから私は激しく挑みかかることになるだろう。「お前なんか相手にしないよ」ということであればそれでもいい。機会を待ち続けるだけである。

私がこの本で標的《ターゲット》にしているのは、日本の500万人の理科系の技術者や研究者たちである。彼らが日本を豊かにした真の功労者である。だが、彼らにしても敗戦後からアメリカが計画的に植えつけた〝アメリカ科学(という名の)信仰〟の忠実な信者たちである。理科系の人々は、数字(数学)を駆使し、実験と観察で冷静にものごとを判断するから、文科系の人間たちよりも理知的であることになっている。その反面、理科系は泥くさい人間関係の機微《きび》を知らないので、やや愚鈍だとも評されることも多い。それなのに、月面問題のような大きな話になるとコロリと騙《だま》される。理科系もたいしたことはない。

今から35年前のあの「アポロ月面着陸」の映像シーンに感動して科学者を志《こころざ》した人は多い。今でもそのように信じ込んでいる。彼らから見れば私は、荒唐無稽《こうとうむけい》を通り越した変人《へんじん》の極《きわ》みということになるであろう。まあ、いいさ。そのうち彼ら自身の信念が崩れ出す。〝アメリカ科学宗教〟に依ってきた日本の理科系人間たちがやがて激しい自己崩壊感覚を味わうことになるだろう。脳に強い痛みやきしみのようなものを感じるだろう。それが日本の理科系の洗脳（ブレインウォッシュあるいはマインド・コントロール）からの解放という脱洗脳《だつせんのう》＝脱魔術化《だつまじゅつか》（disenchantment ディスエンチャントメント）になるだろう。

ちなみに、日本で本当に優秀な技術改良を企業の製造現場で行なった人々は本当は、大卒ではなくて工業高校や高専（高等工業専門学校）を出た人々である。理学部や工学部の大学院を出たような理科系エリートたちよりも、本当は、工業高校出の現場の技術屋たちが日本の真の技術革新をやってきたのである。なぜなら、高卒、高専卒の人々は、家が貧しかっただろうから、少年時代に、科学雑誌など買ってもらえなかった人たちだ。だから工場の現場で真剣に、目の前の製品改良に立ち向かい悩むことで、それで無数の小さな技術改良がなしとげられていった。それが日本の各種の工業製品を世界一にした。ＮＨＫの秀作シリーズ『プロジェクトX』に描かれるとおりである。

それに比べて、総じて〝いいところの坊《ぼっ》ちゃん〟である勉強秀才の理科系エリートたちは、少年時代から、『科学と学習』（学研）や『ニュートン』（ニュートンプレス）を買ってもらって読みふけり、あるいは学研の「科学実験セット（キット）」を買い与えられて熱中し、〝宇宙への夢〟を育《はぐく》んだ人々だ。この人々ほどアメリカ科学（という名の）宗教を信仰し続けている。私は彼らの脳に打撃を与えようと思う。

ところで、今の子供たちの〝宇宙への夢〟はどうなったのか？ 今の子供たちのほとんどは、〝宇宙への夢〟など持っていない。ごく一部のオタクの宇宙少年や天文少年を除いて。私たちの時代とは大きく違うのである。

私たちの世代は、何かと言うと「大きな夢を持て。宇宙にまで広がる広大な人類のフロンティア（未開拓地）を目指せ」と教え込まれ尻をたたかれてきた。それで理科系の科学少年たちが日本には大量に出現した。彼らの脳（頭）を形成し、強く動機づけたのは、まぎれもなく、あのアポロ11号（から17号まで？ この区別が映像でつく人が一体何人いるのか？）の飛行士たちの月面での活動の映像であった。この事実はとてつもなく大きい。

そして35年後の今、彼らかつての科学秀才少年たちの脳に疑念のひびが入る時代が到来した。

だから人類の宇宙への夢など嘘寒《うそさむ》い、と薄々感じて分かっている今の若い世代は、どこへ向かったのか。「人間は宇宙へなんか行けないよ。宇宙は放射線でいっぱいなんだよ。だから実際に行ってないじゃないか。いつまでたっても地球の周りをぐるぐる回っているだけじゃないか」と若い人たちは気づいている。勘《かん》づいている。

それで、今の若者たちはどこへ向かったか。思想家としての私はこのことを真剣に考えた。宇宙(空)がだめなら、それなら広大な海(海底)へか。そんなチンケな話ではない。海や海底資源開発なんかたいしたことではない。バイオ・テクノロジー(人ゲノム解明を含む)やナノ(超微小)テクノロジーや、ネット革命(情報通信革命)もたいしたことはなかった。それでどこへ向かったかと言うと、「福祉と介護」のほうへ向かいつつあるのである。介護とは、身体障害者と老人の入浴の支援やおむつの交換のことである。ここが人類の新しいフロンティアなのである。

今、日本の若者たちは確実に「〝宇宙〟から〝介護〟へ」向かいつつある。私の周りの学生たちが、介護福祉士(国家資格)や、ヘルパー2級(県知事が指定。介護ビジネスで働ける)の資格を取ることに真剣である。今の若者は大学を出てもふつうの企業に就職できない者たちがたくさんいるから、追いつめられているから「人間の排せつ物（うんこ）のおむつの交換」に向かうのだ、などと既成の偏見に満ちた頭で考えないほうがいい。本当に人間（人類）は今、宇宙開発などという、どうせ大してできもしない嘘くさい人騙しに向かわないで、自分たちの身近のフロンティアに向かっている。私は旧い世代を乗り越えてゆく、新しい世代のこの強靭《きょうじん》さにこそ期待する。アメリカ科学宗教の虜《とりこ》である宇宙少年と科学少年のなれのはてたちになど用はない。全て死に絶えてゆくがよい。

本書の第二章で詳しく書いたが、私は次の4つの点を掲げて、「月面着陸は有ったに決まっている。変な陰謀論をふりまくな」派の人々に論戦を挑み続けるだろう。

1　92頁で書いているNASA（およびJAXA）が公開している月面歩行している飛行士たちの映像は本物か？　一体、誰がどこから撮影したのだ。真空、無重量の中に人間がそんなに簡単に出てゆけるのか？

2　今から35年前に、人類の月面着陸を連続6回成功させたのだから、もう一度行って見せてくれ。

3　どうして月面を精密に写さない。できるはずなのだ。地球と同様に月面の10センチ四方の物体まで写しているはずなのだ。90年代にもルナ・プロスペクターなどの月面探査機（ただし地上帰還はまだ無理だろう）をたくさん飛ばして、地表の直径数センチまで写せる解像（分解能）技術があるはずなのにどうして公表しないのだ。月の表面だけは、この35年間なぜか絶対に写し出さない。

月面に激突しているはずの多くの月ロケットの残骸《ざんがい》を写している多くの写真を公表せよ。なんなら月面に残してきたというアポロ11号〜17号の着陸船下部や月面走行車その他の機材でもいいから、ちゃんと写したものを見せてくれ。

4　今の今でもロケットの軟着陸、そして再発射はできない。それもやって見せてくれ。スペースシャトル「コロンビア号」のように、地球の周りをグルグル回っているのが今でも関の山である。そして、地球上から出たり入ったりするだけで爆発炎上しているくせに、よくも38万キロメートルのかなたの月を周回して無事帰還できたものだと、不思議きわまりない。

以上の4点である。この4点に絞り込んで、私はこれからも月面着陸は当然有った派（NASA肯定派）に対して言論攻撃をかけ続ける。「過ぎ去った昔のことだから、もうどうでもいいではないか」と言って責任逃れしようとする者たちも許さない。私を黙らせることはできない。

私が勝つか負けるか、この本の読者になってくれる皆さんは観客席からしっかり見届けてほしい。「真実は権力よりも強い（はず）」なのである。“Pen《ペン》 is《イズ》 mightier《マイティア》 than《ザン》 sword《スウォード》”である。「おまえなんか、無視の包囲網で押さえ込んでやる。いい気になって威張るのはやめろ」と私に向かって、奇怪な言論封殺攻撃を仕掛けているおかしな人物たちとの闘いも続く。

だからここではっきり書いておく。もし私の主張が明白に間違いで、アポロ11号の飛行士たちが月面に着陸していたことの明白な証拠が出てきたら、その時は私は筆を折る。もう二度と本を書いて出版することをしない。これだけの深い決意で私は本書を書いた。本当の人生の一本勝負である。

これまでに私の主張を裏づけ応援してくれて、かつ、自分自身でも真実を探究しようとしている理科系の技術者や研究者たちであるジョー君、横山君、PBS《ピービーエス》君たちが、私のこの本に続いて、「人類月面着陸問題」について、学術的かつ厳密な専門的な本を次々に書いて出版してくれることを心から希望する。そのために私が全力で応援する。彼らは私がインターネット上で主宰する「副島隆彦の学問道場」

http：//soejima.to/

で育った私の優秀な弟子たちである。

最後に、本書の出版を決断してくださった担当編集者の石井健資氏にお礼を申しあげる。編集プロダクション、トライ・プランニングの守屋汎氏と小暮周吾君にお世話になった。そして、徳間書店出版局編集長の力石幸一氏にも暖かく見守っていただいた。重ねてお礼を言います。

2004年5月31日

副島隆彦


ホームページ「副島隆彦の学問道場」http://soejima.to/

副島隆彦のメールアドレス　GZE03120@nifty.ne.jp

# ふろく1　月ロケット・探査機の歴史年表

# 月ロケット・探査機の歴史年表

作成©副島隆彦

日本のJAXA(宇宙航空研究開発機構 http://moon.jaxa.jp/ja/index_fl.shtml)、その他公開されている年表を基礎・土台にして副島隆彦が作成した。

| 副島隆彦による真偽判定 | | 日付け | ロケット・探査機 | 結果 |
|---|---|---|---|---|
| 1 | 真実 | 1945.5 | (米) | ウェルナー・フォン・ブラウンを含めたドイツ・ペーネミュンデ基地のロケット研究者たちが、ドイツ敗戦後、アメリカに連れてこられる。 |
| 2 | 真実 | 1957.10.4 | スプートニク1号(ソビエト) | 地球を初周回に成功。 |
| 3 | 真実 | 1958 | (米) | シカゴ大学の天体物理学者ユージン・パーカーが、太陽フレアからの太陽風の存在を予言した。 |
| 4 | 真実 | 1958.8.17〜1960.12.15 | パイオニア0号〜アトラス・エーブル5A(全8機)(米) | 地球の引力圏から脱出できず全て爆発した。 |
| 5 | 真実 | 1959.9.12 | ルナ2号(ソビエト) | ペナントを積んで月面に到達。ソビエトが初めて月面まで届くミサイルを開発成功したことを意味する。(副島隆彦による解釈) |
| 6 | 真実 | 1961.4.12 | ヴォストーク1号(ソビエト) | ガガーリン飛行士が有人の地球周回に成功した。 |
| 7 | 真実 | 1961.5.25 | アポロ計画(米) | ジョン・F・ケネディ大統領が「アポロ計画」(60年代の終りまでに人間を月に到達させ、安全に地球に帰還させる)を発表した。 |
| 8 | 真実 | 1961.8.6 | ヴォストーク2号(ソビエト) | チトフ飛行士が地球を17周半した。 |
| 9 | 真実 | 1961.8.23〜1965.3.21 | レインジャー1号〜レインジャー9号(米) | ほとんどが月面に衝突か月の衛星となる。3号が宇宙線のガンマ線の強さを測定した。 |
| 10 | 真実 | 1962.2.20 | マーキュリー計画マーキュリー6号(米) | ジョン・グレン飛行士(のちに英雄として上院議員にまでなる)が地球を3周した。 |
| 11 | 真実 | 1962.8 | (米) | 金星に向けて発射されたマリナー2号によるプラズマと磁場の観測で、太陽風の存在が確認された。 |
| 12 | 真実 | 1963.11.22 | (米) | ケネディ大統領が暗殺された。 |

| | | | | |
|---|---|---|---|---|
| 13 | 一応、真実 | 1965 | アメリカ空軍地図情報センター(ACIC)(米) | 月面着陸船の着陸場所を決めるために、月面の詳細な地図を完成した。世界中の望遠鏡を動員。1/100万の等高線の入った月面図を作った。1/50万の地図も作成した。 |
| 14 | 真実 | 1965.3.18 | ヴォスホート2号(ソビエト) | 史上初の「宇宙遊泳」＝船外活動(EVA:Extravehicular Activity)を10分間行なった。 |
| 15 | 真実 | 1965.6.3 | ジェミニ計画 ジェミニ4号(ソビエト) | タイタンとのランデブーに成功。地球を66周、98時間の長時間飛行をした。 |
| 16 | 真実 | 1965.12.15 | ジェミニ6号と7号(ソビエト) | 6号と7号が互いに約30cmの距離のランデブーに成功した。このあとロケットエンジンの停止事故がおきたが、無事生還した。 |
| 17 | 真実 | 1966.1.31 | ルナ9号 英ジョドレルバンク天文台(ソビエト)(英) | 月面の「嵐の海」の「ガリレイの谷」付近に軟着陸に初めて成功。パノラマ写真4枚(?)を地球に送信してきた。このあと活動停止。(このことは月面軟着陸ではなくて、月面に激突する瞬間に写真を4枚だけ送ってきたのだろう。副島による解釈)この電送写真を、ソビエトよりも早く、英ジョドレルバンク天文台が傍受し、解像して公表した。 |
| 18 | 真実 | 1966.9.20 | サーベイヤー2号(米) | 姿勢制御用ロケットの故障により月面に衝突。 |
| 19 | 真実 | 1967.1.27 | アポロ1号(改名前はAS-204号)(米) | 地上での訓練中にコックピット内での火災で、3飛行士は窒息死。コックピット内の純粋酸素に電気系統のショートで発火した。バージル・グリソム船長、エドワード・ホワイト、ロジャー・チャフィー飛行士が死亡。(おそらく3人は月飛行はムリだとNASA上層部に抗議していたので、口封じのために事故死に見せかけて殺されたのだろう。副島による解釈) |
| 20 | ウソ | 1967.4.17 | サーベイヤー3号(米) | 月面に軟着陸。「嵐の海」の「ランスベルグ・クレーター」付近に「2度ジャンプして軟着陸。小型シャベルで月面を掘る」。3色分解によるカラー写真、6326枚を送ってきた。「後にアポロ12号が着陸して、このカメラの一部を持ち帰る」。(この頃からNASAの嘘つきが始まる。副島による解釈) |

| | | | | |
|---|---|---|---|---|
| 21 | 真実 | 1967.8.1 | ルナ・オービター5号（米） | 月の周回軌道にのる。月面の放射能レベル等の密度分布のデータを収集。写真を地球に送ったあと、月面衝突。 |
| 22 | 真実 | 1967.11.7 | サーベイヤー6号（米） | 月面の「中央の入り江」に軟着陸。ロケットをふかして月面からのジャンプを試みたが2メートル移動して停止。30,065枚の月面写真及び土壌データを地球に送信してきた。 |
| 23 | 真実 | 1967.11.9 | アポロ4号<br>サターン5型ロケット（米） | 無人宇宙船を地球の軌道上に乗せて周回させ、「月からの帰還と同じ速度で大気圏に再突入させた」（その後、地球に無事、宇宙船部分が帰還・回収されたのか不明。おそらく爆発炎上したのだろう。副島による解釈） |
| 24 | 真実 | 1968 | スタンリー・キューブリック監督（米） | 映画『2001年宇宙の旅』が製作、上映された。監督らはこのあとNASAの依頼を受けて、ロンドンのシェパートン・スタジオにこもる。 |
| 25 | ウソ | 1968.9.14 | ゾンド5号（ソビエト） | 月周回軌道にまで乗って、その後地球に帰還。インド洋で回収。亀、植物、種子を積んでいた。（この頃から、焦ったソビエトの嘘つきも始まる） |
| 26 | ウソ | 1968.11.10 | ゾンド6号（ソビエト） | 月面高度2420kmまで接近。各種の観測を行ない、1968.11.17にソビエト領内に着陸成功。（このゾンド6号が、打ち上げ時に大爆発を起こして約3000人のソビエトの技術者が死亡したらしい。副島による解釈） |
| 27 | ウソ | 1968.12.21 | アポロ8号（米） | 史上初の有人月周回飛行に成功。ジム・ラベルとウィリアム・アンダース、フランク・ボーマン。20時間、月面高度112kmで着陸点を調査した。（NASAの大嘘である。ジム・ラベルとフランク・ボーマンはNASAの歴史捏造に積極的に加担した飛行士である。ジム・ラベルはのちに映画『アポロ13』に自ら出演した。確信犯の性悪の人間たちである。副島による解釈） |
| 28 | ウソ | 1969.5.18 | アポロ10号（米） | 月面高度15kmまで近づいた。トーマス・スタフォード、ジョン・ヤング、ユージン・サーナン飛行士。（嘘である。副島による解釈） |

| | | | | |
|---|---|---|---|---|
| 29 | 真実 | 1969.6.28 | 実験衛星<br>(バイオ・サテライト)<br>(米) | サルのボニーを載せて、地球軌道上を周回させた。8日後に太平洋に着水したが、ボニーは打ち上げ後早い段階で死亡していた。死因は無重力状態と体温低下による心臓発作。 |
| 30 | 真実 | 1969.7.13 | ルナ15号<br>(ソビエト) | 月面の「危機の海」に軟着陸に失敗して激突した。月の石等の採取のサンプル・リターンを無人で行なおうとしたが失敗した。 |
| 31 | 大ウソ! | 1969.7.16 | アポロ11号<br>(米) | 1969.7.20アメリカ東部時間午後10時56分20秒に2人の飛行士が月面に降り立つ。月面活動時間2時間32分。月面滞在21時間36分。月面物質21.7kgを持ち帰る。(大ウソ) |
| 32 | ウソ | 1969.11.14 | アポロ12号<br>(米) | 人類月面着陸2回目。チャールズ・コンラッド船長がのちに「ニール(・アームストロング)にとっては偉大な一歩だったが、私にとっては小さな一歩だ」と皮肉と暗喩の言葉を残した。(ウソの上塗り) |
| 33 | 真実 | 1970.2.11 | おおすみ<br>(日本) | 日本初の人工衛星打ち上げに成功。鹿児島県内之浦から。地球高度近地点337km、遠地点5152kmという長楕円軌道であった。 |
| 34 | ウソ | 1970.4.11 | アポロ13号<br>(米) | 月面着陸に失敗。着陸前に酸素タンク爆発が起き、月周回軌道にとどめ、着陸船を帰還用司令船に代替して、無事帰還。のちに映画『アポロ13』になる。(アホらしくて何と言っていいやら分からない。副島による解釈) |
| 35 | ウソ | 1970.9.12 | ルナ16号<br>(ソビエト) | 初のソビエトによる無人のサンプル・リターン成功。(アメリカの大嘘にあおられてソビエトの嘘つきが、どんどん激しくなる。副島による解釈) |
| 36 | ウソ | 1970.11.10 | ルナ17号<br>月面走行車<br>ルノホート1号<br>(ソビエト) | 月面着陸後、8輪車のルノホート1号が月面で地球からの遠隔操作で1年間弱地球にテレビ画像を送りつづけたことになっている。(ウソ) |
| 37 | ウソ | 1971.1.31 | アポロ14号<br>(米) | 人類月面着陸3回目。「フラマウロ丘陵」月面滞在33時間31分。月面活動2回、4時間47分と4時間35分。月面物質42.9kgを持ち帰る。(ウソの上塗り) |

| | | | | |
|---|---|---|---|---|
| 38 | ウソ | 1971.7.26 | アポロ15号（米） | 人類月面着陸４回目。月面滞在66時間55分。月面活動に初の月面走行車（LRV、Lunar Roving Vehicle）を３回使い、20時間15分走行。月面物質76.8kgを持ち帰る。地質学者のジム・アーウィンがGenesis Rock、ジェネシス・ロック、"創世記の石"を発見した。（ウソの上塗りの強化） |
| 39 | 真実 | 1971.9.2〜1974.10.28 | ルナ18号、19号、22号、23号（ソビエト） | 月周回軌道にはなんとか乗ったが地球軌道への帰還はできない。（これらの月ロケットが真実だろう。副島による解釈） |
| 40 | ウソ | 1972.2.14 | ルナ20号（ソビエト） | 月面着陸して52gの月面物質を持ち帰った。（ウソの上塗り） |
| 41 | ウソ | 1972.4.16 | アポロ16号（米） | 人類月面着陸５回目。船長がジョン・ヤングということになっている。月面滞在71時間３分。月面走行車で計26.6kmを走行した。月面活動20時間15分。月面物質94.7kgを持ち帰る。（ウソの大暴走） |
| 42 | ウソ | 1972.12.7 | アポロ17号（アポロ計画終了）（米） | 人類月面着陸６回目。「ケンタウルス・リトロー峡谷」に着陸したことになっている。月面滞在75時間。走行車も含め22時間５分月面活動した。月面物質110.5kgを持ち帰る。このあと「アポロ計画の終了」がNASAから発表される。（以後、全ての証拠を隠蔽することに決めたのだろう。副島による解釈） |
| 43 | ウソ | 1973.1.8 | ルナ21号（ソビエト） | 無人探査機が月面軟着陸に成功して「ルノホート２号」という走行車で地表観測のテレビジョン画像を送る。月面を37km走行した。（ソビエトのウソの上塗り） |
| 44 | 真実 | 1973.5.14 | 宇宙ステーション計画・スカイラブ号（米） | 大陸間弾道ミサイルでもあるサターン５号ロケットの３段目を改造して長期滞在型宇宙ステーションとする計画を発表。（月面着陸をごまかすために、宇宙ステーション計画のほうに目くらましをやる。副島による解釈） |
| 45 | | 1975 | デービス、ハートマンジャイアント・インパクト説提出（米） | できたての地球に火星ぐらいの天体が衝突して、のちに月になった、とする説。（こんなもの、どこまで正しいか不明。副島による解釈） |

| | | | | |
|---|---|---|---|---|
| 46 | | 1975.8.2 | ヴァイキング1号（米） | 火星探査機。火星への軟着陸に成功した。（怪しい。副島の解釈） |
| 47 | ウソ | 1976.8.9 | ルナ24号（ソビエト） | 「豊かの海」に軟着陸し月面サンプルを採取してソビエト領内に帰還。ソビエトの月計画の終了を発表。（ウソと恥の上塗りの終わり。アメリカに煽られた嘘つきがやめたのだろう。副島による解釈） |
| 48 | 真実 | 1977.9.5 | ボイジャー1号（米） | 木星、土星への探査機。1979年に木星、1980年に土星を上空から撮影して画像を地表に送った。 |
| 49 | 真実 | 1977 | （英） | 映画『カプリコン・1』"Capricorn One" が製作、上映された。 |
| 50 | 真実 | 1981.4.12 | スペースシャトル計画コロンビア号（米） | スペースシャトルの初成功。 |
| 51 | 真実 | 1986.1.28 | チャレンジャー号爆発（米） | チャレンジャー号が発射後に空中で爆発、炎上してバラバラになる。7名全員死亡。 |
| 52 | 真実 | 1989.10.18 | ガリレオ号（米） | 木星探査機。1995年に木星の画像を送ってきた。 |
| 53 | 真実 | 1990.4.25 | ハッブル宇宙望遠鏡（米） | スペースシャトル・ディスカバリー号に積んで地球軌道上に置かれた。ハッブルは長さ13.1メートル、重さ11トンで、主鏡は直径2.4メートルの光学式望遠鏡である。地球を97分間で1周する。 |
| 54 | | 1991 | 月クレーター隕石衝突説が強まる（メキシコ） | メキシコ・ユカタン半島沖のメキシコ湾の底にある「チクシュルーブ・クレーター」（直径180km）が発見された。6500万年前に、直径10kmの小惑星が衝突して、地球上が燃えた。恐竜が絶滅した原因となったとされる。 |
| 55 | 真実 | 1992.9.12 | 毛利衛（米） | NASA初の日本人宇宙飛行士。エンデバー号に参加する形で。 |
| 56 | 真実 | 1992.12.8 | ガリレオ号（米） | 金星→月→木星と探査して木星に大気圏突入した。 |
| 57 | 真実 | 1993.4.11 | ひてん はごろも（日本） | 月面のフレネリウス・クレーターに衝突した。月の重力を利用した「スイングバイ」航法による軌道制御技術を日本が得た。 |

| | | | | |
|---|---|---|---|---|
| 58 | 真実 | 1993.8.18 | （米） | 垂直離着陸ロケットDC-X（デルタ・クリッパー）の垂直離着陸に成功。月面着陸船とちがって長い脚はない。 |
| 59 | 真実 | 1994.1.25 | クレメンタイン1号（米） | 米軍（戦略防衛構想本部）とNASAの共同プロジェクト。月の両極に水（氷）の存在を示唆した。姿勢制御が狂って太陽を回る軌道に消えた。 |
| 60 | 真実 | 1996.7.29 | （米） | 垂直離着陸機DC-Xの12回目の実験で、着陸時に爆発。この時から垂直離着陸実験が衰退した。 |
| 61 | | 1997.7.4 | マーズ・パスファインダー（米） | 火星探査機。火星に軟着陸に成功して火星の表面の画像を送ってきた。（怪しい。火星にも大気があって空気抵抗があるからエアバッグ方式で着陸できたとするが、無理。副島による解釈） |
| 62 | 真実 | 1999.7.31 | ルナ・プロスペクター（米） | 月の南極に氷があることを確認することが目的。月面に衝突した。（“月の石”ならぬ“月の氷”を求めた月探査になってしまって少しは恥ずかしいと思わないのか。副島による解釈） |
| 63 | 真実 | 2003.2.1 | 大気圏突入後、コロンビア号爆発（米） | スペースシャトルが地上に帰還途中の大気圏途中後に、地上62kmで爆発。7人全員死亡。 |
| 64 | 真実 | 2003.10.15 | 神舟5号（中国）長征2Fロケット | 中国初の有人地球周回に成功。 |
| 65 | | 2004.1.3 | スピリット号（米） | 火星探査機が7年かけて火星に接近して着陸に成功し、火星の表面を撮影して画像を地球に送信した。（怪しい。副島による解釈） |
| 66 | | 2005 | スマート1号（EU） | ESA（ヨーロッパ宇宙庁）が月面探査機を打ち上げ予定。（この探査機が月面を映し出せば、「アポロ計画」が嘘八百であったことがバレるだろう。副島隆彦による解釈。） |
| 67 | | 2006? | ルナA セレーネ（日本） | 日本の月面探査機だが、相次いで打ち上げ延期になっている。（月面写真を撮ることが目的だが、NASAの圧力で、H2Aロケットと同じくおそらく失敗させられるだろう。副島による解釈。） |

協力、須藤喜直

# ふろく2　最近の〝アポロ疑惑〟の広がりの表

# 最近の“アポロ疑惑”の広がりの表

作成©副島隆彦

| | | |
|---|---|---|
| 1 | 2000年10月23日 | 火星探査機『マーズ・オデッセイ号』が火星の周回軌道に入り、地表を撮影した。アメリカ政府はこの頃から世界中の人々の月探査への関心をそらそうと企て、火星探査に熱中しはじめる。 |
| 2 | 2001年2月15日 | この日、Fox-TV network フォックス・テレビがアメリカ国内で初めて月面着陸を正面から疑う“Conspiracy Theory: Did We Land on the Moon?”を放送した。2001年3月15日にも再放送replay した。このあとNASA系の人物が、「バッド・アストロノミー」“Bad Astronomy”という反論ウェブサイトを作る。 |
| 3 | 2001年8月7日から | NHKが『人類、月に立つ』From the Earth to the Moon(アンドルー・チェイキン原作)を12回にわたって放映する。 |
| 4 | 2002年1月12日 | テレビ朝日が、バラエティ番組『これマジ!?』で、人類の月面着陸が無かった疑惑をとりあげる。翌週、2002年1月19日にもこのPARTⅡを放送した。 |
| 5 | 2002年4月13日 | テレビ朝日が『これマジ!?』で、(3回目の放送となる)月面疑惑を詳しくとりあげた。日本国民の間に噂が広がる。<br>お笑いタレントの爆笑問題が司会。デヴィ夫人が出演。**2**.の作品で使われたNASAの公開映像もふんだんに使って、アポロ月面疑惑を追及した。放送の事前にアメリカのNASAが派遣した係官からの政治的な圧力がかかったらしく、番組は後半になると腰くだけになって、いつもの「超常現象、真実不明のオカルト番組」に変質させざるを得なかった。 |
| 6 | 2002年夏 | 日本のケーブルテレビ網のFoxチャンネルでも、上述の**2**.を初めて放送したらしい。 |

| | | |
|---|---|---|
| 7 | 2002年９月９日 | アメリカのTVプロデューサーの Bart Sibrel バート・シブレルがバズ・オルドリン飛行士（アポロ11号）宅でインタビュー中に、オルドリンに顔面を強く殴打される。この前のインタビューで、オルドリンが「自分は月に行っていない」と認めた発言をして、これをシブレルが収録している。この記事は世界中に配信された。 |
| 8 | 2002年10月12日 | 『これマジ!?』の４月に続けて４回目となるこの番組でも、月面問題をとりあげた。バズ・オルドリンが録画出演してインタビューに答える。疑惑を否定。「物体が月面にしては高速で落下している」等の指摘がなされる。次回予告は、「アポロ疑惑にデヴィ夫人が迫る!」だったが、彼女はこのあと、脱税で調べられて、以後この問題で沈黙する。 |
| 9 | 2002年10月16日 | ヨーロッパ各国で、TVプロデューサーのWilliam Karel ウィリアム・カレル制作の『オペラシオン・リューヌ』“Operation Lune”が放送される。アメリカの政府要人たちや故スタンリー・キューブリックの夫人らが登場して、アメリカ政府のアポロ計画が、ソビエトのロケットと核開発陣をうちくだくための偽計であったとする発言を次々と行なう。 |
| 10 | 2003年２月１日 | スペース・シャトル「コロンビア号」（乗員７人）が着陸直前に爆発する。 |
| 11 | 2003年３月20日 | アメリカのイラク攻撃（イラク戦争）始まる。この３月末に、副島隆彦が前述**2**.のFox TVの番組を見た。その１カ月後の４月29日から自分の主宰するウェブサイトの『副島隆彦の学問道場』で「人類の月面着陸は無かったろう」論を書き始める。 |
| 12 | 2003年11月29日 | 日本の情報偵察衛星 H２A ６号機打ち上げ失敗。 |
| 13 | 2003年12月31日 | テレビ朝日、年末の番組『ビートたけしの世界はこうしてダマされた!?』で上述**9**.の『オペラシオン・リューヌ』をふんだんに使った番組を放送する。 |

須藤喜直君が作成に協力してくれた。

副島隆彦（そえじまたかひこ）
ベストセラー『預金封鎖』（祥伝社）の著者として知られる碩学。小室直樹を師と仰ぐ。日米の政財界・シンクタンクに独自の情報源をもち、鋭い洞察に満ちた論評を展開。早稲田大学法学部卒業。外資系銀行員を経て、予備校講師。現在、常葉学園大学教授。『欠陥英和辞典の研究』で日本の英語教育の欠陥を指摘した。『英文法の謎を解く』（ちくま新書）が30万部以上の大ヒット。『法律学の正体』、『裁判の秘密』、主著『覇権国アメリカを動かす政治家と知識人たち』（講談社）、最新刊『やがてアメリカ発の大恐慌が襲いくる』（ビジネス社）などで、常に各業界、各分野に波紋を巻き起こす。本書では『属国・日本論』（五月書房）の視点を踏まえ説得力をもって、NASA《ナサ》（米航空宇宙局）を一刀両断にする。ホームページ「学問道場」http://soejima.to や講演会では、メディアが触れないタブー領域にも果敢に挑戦し、過激な発言発信で人気を博す。1953年福岡生まれ。
E-mail　GZE03120@nifty.ne.jp

人類の月面着陸は無かったろう論

第一刷　二〇〇四年六月三〇日

著者　副島隆彦
発行者　松下武義
発行所　株式会社徳間書店
〒一〇五-八〇五五　東京都港区芝大門二-二-一
電話　編集部（〇三）五四〇三-四三四四
販売部（〇三）五四〇三-四三二四
振替　〇〇一四〇-〇-四四三九二
本文印刷　本郷印刷株式会社
カバー印刷　真生印刷株式会社
製本所　大口製本印刷株式会社
編集担当　石井健資
定価はカバーに表示してあります。

ISBN4-19-861874-7